ゲオルク・ノルトフ
高橋 洋［訳］
虫明 元［監修・解説］

意識と時間と脳の波

脳はいかに世界とつながるのか

IL CODICE DEL TEMPO
Cervello, mente e coscienza

Georg Northoff

白揚社

意識と時間と脳の波　目次

はじめに　心のサーフィンと脳　13

第1章　脳の時間　27

第4章 自己の時間とその持続 95

第5章 脳と心における時間の速さ

第6章 人間の時間を超えて 135

◉〔　〕で括った箇所は訳者および監修者による補足です。

はじめに

心のサーフィンと脳

時間とは何だろうか？　私たちは、閉店間近のスーパーに駆け込まなければならなくなると、「時間がない」とこぼす。あるいは退屈なミーティングに耐えてじっと座っているときには、時間は伸びて、際限がないように感じる。また日常生活には昼の時間と夜の時間があり、二十四時間のリズムがある。一〇〇年、あるいは一〇〇〇年の単位でものごとを考える歴史家は、はるか遠くを見つめている。生物学者、とりわけ進化生物学者は、一〇〇万年単位ではないとしても、数千年の単位でものごとを語る。時間は至るところに存在し、私たちの世界や心や行動を形作っている。だがそれ自体としてとらえた場合、時間とはいったい何だろうか？　これこそまさに、何世代にもわたる学者たち、とりわけ古代や現代の哲学者、あるいは物理学者が問うてきた、もっとも根本的な問いの一つなのだ。

古代ギリシアの時間――クロノスとカイロス

古代ギリシア人は、時間の神をクロノスとカイロスに区別していた。クロノスの時間は、過去、現在、未来からなる連続体によって特徴づけられる、年代順の、つまり経時的な時間を表わす。それに対してカイロスの時間は、行動の機が熟した瞬間を示す、特定の時点に言及する。経時的に変化するクロノスの時間とは異なり、カイロスの時間は変化を受けつけず、より恒久的である。

古代の神話では、クロノスとカイロスは兄弟であるか、もしくは父と息子である。この設定は、二つの時間感覚の関係をめぐって次のような問いを投げかける。クロノスによって示される、過去－現在－未来という時間の連続体は、カイロスによって示される固有の瞬間にいかに関係づけられるのか？　古代の著名な人物の一人に医師のヒポクラテスがいるが、彼は「あらゆるカイロスはクロノスであるが、すべてのクロノスがカイロスであるわけではない」と述べている。つまり行動の機が熟した瞬間、すなわちカイロスの時間は、時間の連続体の特定の現れにすぎないということだ――一瞬は、時間の連続体上の一時点にすぎない。しかしその逆は真ではなく、時間の連続体としてのクロノスは、カイロスには依存しない。

古代ギリシアにおけるクロノスとカイロスの区別は、とりわけ西洋世界において近現代的な時間観を形作ってきた。そこでは、瞬間は延長されないが、時間の連続体は延長される――延長されないものは延長されるものとは対極をなす――と考えられている。かくして連続体と瞬間は、時間の相反する二つの特徴と見なされているのである。これは、たとえば物理学における時間の見方に如実に見て取ることができる。

古典物理学における時間――コンテナ的時間観

(ニュートン、ケプラー、ガリレオらの)古典物理学は、できごとや脳のような物体が含まれ、特定の箇所に配置される「容器《コンテナ》」あるいは「劇場《シアター》」として時間をとらえる(「できごとは時間の内部で起こる」「脳は時間の内部に存在する」)。哲学者のバリー・デイントンは、このような見方を「コンテナ的時間観」と呼ぶ(Dainton 2010, 2–3)。それによれば、時間は、個別のできごとや脳などの物体が生じる「機が熟した瞬間」を連続体に供与するコンテナなのである。

ここでゴミ箱とゴミを思い浮かべてみよう。ゴミ箱とゴミは互いに独立しており、まったく別のものである。ゴミ箱はゴミ以外のものを入れることができるし、ゴミはゴミ箱の外にも散らかっている。さて、クロノスによって体現される時間の連続体をゴミ箱に、カイロスによって体現される機が熟した瞬間をゴミにたとえてみよう。するとゴミ箱とゴミは別々に存在することができることからして、古代の二つの時間形態(ならびに対応する神々)も、互いに独立し個別的なものであることがわかる。それゆえ私は、そのような見方をコンテナ的時間観として特徴づけたい。

現代物理学における時間——構築的時間観

現代物理学は、古典物理学の時間の見方を継承していない。リー・スモーリンのような現代の物理学者は、時間の連続体と瞬間を厳密に区別したりはしない（Smolin 2015; Weinert 2013; Rovelli 2018）。現代物理学においては、時間はさまざまな物体やできごとのあいだの、時空間的な関係の連続的な構築物から構成される。したがって時間は本質的に力動的であり、内容物（瞬間）を包含するコンテナ（時間の連続体）のような静的なものではなく、時間の経過につれ連続的に変化するものとされているのだ。

時間が時空間的な関係の連続的な構築物である点を強調するこの見方は、「構築的時間観」を生む。ライプニッツ、ベルクソン、フッサール、ハイデッガー、ホワイトヘッドら西洋の古今の哲学者たちが支持したこの見方は、「関係説」と呼ばれている。この関係説は、クロノスがカイロスの父、あるいは兄とされているのと多かれ少なかれ同様なあり方で、時間の連続体を機が熟した瞬間へと結びつける。

では関係説とは、いったい何だろうか？　関係説は、さまざまな時間のスケールから構成される連続的な構築物として時間を理解する。それには変化する短い瞬間と長い連続的な期間の両方が含まれ、すべての時間のスケールを横断して同一性が保たれる。短い時間のスケールと長い時間のスケールは互いに統合され関係し合う——そしてそれによって変化と連続性が同時に生じる。時間は所与のものではなく構築されるものと考えるこの見方は、構築的時間観と呼べる。

古代中国の教訓——脳の力動から心の力動へ

構築的時間観は、西洋では無視、あるいは誤解されることが多いが、東洋でははるかに広く流布している。荘子のような道教を奉じる古代中国の哲学者は、現代物理学を予見したかのように、時間の力動性や、連続体と瞬間の関係について明確に述べている。そしてそこでは、クロノスとカイロスは二つの異なる時間の神ではなく、同一の波、すなわち絶えざる力動性によって特徴づけられる時間の波として描かれている。

時間の力動性は、海洋の波のようなものとして思い浮かべる必要がある。海洋の波が完全に静まることはなく、海面ではつねに何かが起こっている。大きなうねりをなして押し寄せてくる強大で遅い波もあれば——これはクロノスによって表わされる時間の連続体に相当する——、あまり強力ではない幅の小さな速い波もある——こちらはカイロスによって表わされる瞬間に相当する。

遅い波も速い波も、海洋がたたえる水の力動という同一の基盤から生じる。ここで時間から脳へと話題を一歩進めると、海洋の水の力動が波として顕現するのなら、脳の内的な力動は心として顕現する。心的機能それ自体、世界の外的時間に関わる脳内時間の構築に依拠しており、力動的に構築される。このように脳内時間は、独自の力動性によって心を生み出すのであり、かくして心は本質的に時間的で力動的なものなのだ。まさにそれが、本書の主題である。

心的機能――「世界‐脳」関係

時間に関する議論が、なぜそれほど重要なのか？　以上の議論はすべて、理論的、哲学的なものだ。日常生活を送るにあたって、時間に関するその種の議論に耳を傾けるべき理由がいったいどこにあるのか？　本書はその理由を説明する。時間は、私たちの心や心的生活の基盤をなす。時間がなければ、自己の感覚はおろか意識さえ失われるだろう。最新の科学的知見について十分に知れば、自己や意識のような心的機能は、脳に依拠していることがわかるはずだ。時間や心に関する古来の謎のいくつかを解明し、今や世の注目を集めている神経科学は、心が脳であること、また過去の哲学者たちのように心を想定する必要などもはやないことを教えてくれる。

心を説明するためには、脳に言及しさえすれば十分である。しかし、脳と心のあいだにはギャップがある。脳とその神経活動は、いかにして脳それ自体とは異なって見える、心のような現象を生み出せるのか？　私たちは、いかなる神経活動も意識的に経験していない。また、自己を神経活動としてではなく心的なものとして感じている。つまり自己を脳として経験することなどない。心的機能が脳に依拠していると言うのなら、いかにして脳の神経活動が心の活動に変換されるのかを示す必要があろう。だが、私が「神経‐心」変換と呼ぶこのプロセスは、今のところ謎のまま残されている。

ここでこの状況を水にたとえてみよう。カナダの冬は厳しい。冬になると気温がおよそ摂氏マイナス四〇度まで下がり、水は凍結する。春にはそれが融け、暑い夏には蒸発する。なぜ同一の化学物質が、かくも多様な状態を取れるのか？　そこでは文脈的な要因、すなわち環境要因をなす気温が鍵になる。同様なことは、脳にも当てはまる。脳がその文脈、つまり身体や世界とうまく結びついているのなら、脳の神経の状態は心の状態へと変換される。私たちは、脳を単独で存在するものとして考えるのではなく、世界との関係、すなわち「世界‐脳」関係を考慮に入れる必要がある（Northoff 2016, 2018）。季節ごとに変化する天候がカナダにおける水の状態を決定する文脈を提供するのと同様、世界は、脳が心的機能を生む際の文脈をなしているのだ。

心的機能は力動的である

「世界‐脳」関係への言及は、次の問いを提起する。「世界‐脳」関係のいかなる側面が心的機能を生み出すことを可能にしているのか？　その答えは、やはり時間にある。世界と脳は、力動的な相互作用を通じて関係し合うことができる――「世界‐脳」関係は、本質的に時間的なものであり、神経活動から心の活動への変換の基盤をなす。

心的機能は時間的なものである。古代ギリシアの哲学者ヘラクレイトス（紀元前五三五～四七五）にとって、時間はつねに変化する力動的なものであった。同じ川に二度足を踏み入れることはできない。脳の神経活動は、川と同様に絶えず変化し、よって同じ脳に二度出くわすことはない。私たちの誰もがよく知るように、自己や意識などの心的機能にも同じことが当てはまる。同じことを二度意識的に経験することはない――私たちの経験は絶えず変化しているからだ。同様に自己も絶えず変化する――私たちは、つねにまったく同一の人格を保っているわけではない。

時間の経過につれ変化し、力動的であることは、心の核心的な要件をなす。何も変化しなければ、心は意識もろとも消え失せてしまうだろう。つまり、心はその本性からして力動的なのである。「世界‐脳」関係に基づく力動は、心の構築の鍵である。したがってそれを失えば、意識も失われる。昏睡状態や全身麻酔をかけられた状態などが、その例としてあげられる。要するに、心的機能は力動的なのである。

本書の構成

本書を主導する問いは、「時間の力動性は、いかにして自己や意識などの心的機能が生じるような形態で世界と脳を結びつけているのか？」というものだ。時間は力動的であり、時間の波の力動性は、波が海洋を世界の一部として特徴づけているのと同じように世界全体を特徴づけている。同じことは、脳内時間にも当てはまる。脳内時間は、より広い範囲をカバーする世界の外的時間の一部をなす。世界の波は脳を通過する。このような世界の波による脳の通過は、自己や意識のような心的機能が生じるにあたって中心的な役割を果たしている――まさに「世界‐脳」関係に基づく力動が、心の基盤をなしているのだ。それが本書の主題である。

第1章は、脳の波について、そしてそれが脳の神経活動を通じていかに構築されるのかについて検討する。第2章と第3章は、脳の波が身体の波（第3章）と世界の波（第2章）の両方と同期することを示す――脳の波は、身体の時間と世界の時間に自らを合わせ統合する。意識は絶えず変化している――意識は川の流れのようなものであり、アメリカの著名な心理学者ウィリアム・ジェイムズはそれを「意識の流れ」と呼んだ。意識の基盤は、身体の波と世界の波の両方に乗る、神経のサーフボードとしての脳にある。

サーファーなら誰でも、サーフボードそれ自体が波乗りをするわけではないことをよく心得ている。第4章で説明するように、波乗りにはサーフボードを操作するサーファー、つまり自己が必要になる。サーフボードは絶えず位置を変える。それに対してサーファーは持続する、すなわち時間の経過を超えた連続性を示す。第4章で私は、脳の波がいかに自己を持続させ、自己の感覚の基盤となるのかを明らかにする。波のもう一つの重要な性質は速さ《スピード》である。波は速くも遅くもなりうる。速さは、速度〔速さと速度の関係については第5章の冒頭を参照されたい〕と持続時間に依拠する。第5章は、脳による速さや速度の構築によって、遅すぎる、あるいは速すぎるなどといった、極端な内的時間の速さの知覚によって特徴づけられる、うつや躁病のような状態が生じることを示す。

人間以外の時間――他の動物、人工知能、心身問題

人間以外の動物〔以下「動物」とある箇所は人間を除く〕や人工装置が心的機能を示すことはあるのだろうか？　動物は世界の波に心的に乗ることができる。動物の内的時間は人間のものとは異なるので、動物は人間とはいく分異なるあり方で世界の波に乗るのかもしれず、やや異なる周

波数帯域の、速さが異なる波を用いている――したがって時間的な重なりに基づいて、人間の心と部分的に一致する意識や自己の感覚を示すと考えられる。

人工知能（ＡＩ）はどうだろう？　技術の発展にもかかわらず、ＡＩは、現時点では、世界の外的時間の絶え間のない波に自己を合わせて統合することを可能にする内的時間を示していない――ＡＩは「世界－脳」関係も、人間が持つもののような効率的な「世界－行為主体」関係も欠く。したがって第6章では、現時点ではＡＩは、世界の時間の絶え間のない波に乗る能力を持たず、そのため意識や自己のような心的機能も欠くという結論を導く。

読者は今や、心の存在それ自体に関して疑問を感じているかもしれない。哲学者たちは、心が存在するか否か、また存在するのなら脳や身体といかに関係しているのかについて長きにわたり論じてきた。この問題は心身問題と呼ばれている。この問いに対する私の答えは次のようなごく単純なものだ。心的機能を説明するためには、力動性によって特徴づけられる波という観点から、「世界－脳」関係とその時間的な特性を記述すればよい。

「世界－脳」関係の波は、脳が自己の内的な力動性を構築するための基盤――心というサーファーのための神経のサーフボード――を提供する。また、サーフボードとしての脳が世界の波の力動にうまく適応し整合していればいるほど、それだけ意識や自己のような心的機能が形成されやすくなり、ときにさかまく波浪とも化す世界の波にうまく乗れるようになる。したがって第

6章で結論づけるように、心身問題と呼ばれている問題は、世界と脳の力動的な関係、つまり「世界‐脳」問題にその起源をたどることができるのだ（Northoff 2016, 2018）。

波としての自己

サーファーはサーフボードを使って巧みに海の波に乗る。サーファーの動きが滑らかであればあるほど、彼はそれだけ巧みに海の波に順応して、長時間サーフボードに乗ったままでいられ、より前方へと進むことができる。同じことは自己にも当てはまる。つまり自己は力動的であればあるほど、それだけうまく絶えず変化する環境に自らを順応させることができ、より長期にわたって安定した自己を維持することができるのだ。自己は脳の波を介してそれ自体が波となり、それによって環境が課す、はるかに大きな波に乗れるのである。

第 1 章

脳の時間

はじめに

脳と時間はいかに結びついているのだろうか？　この問いは奇妙に思えるかもしれない。通常、時間は物理学や哲学で扱われ、脳は神経科学の中心的な研究対象だからだ。時間に関する議論——時間とは何か、脳にとって時間の何が重要なのか——は、神経科学においては重要な主題ではない。しかし、その核心には時間の問題が横たわっているはずだ。神経科学以外の多くの領域では、脳、とりわけ脳と心の結びつきを理解するにあたって、時間が鍵になる。したがって、その理解を深めるために、時間に関して物理学や哲学から重要な知見を得ることができるはずである。

「コンテナ的時間観」対「構築的時間観」

時間はコンテナとも構築物とも見ることができる。「コンテナ的時間観」は、（時間が提供するコンテナの内部で生じる）特定のできごとや物体が生じる単純な時点という観点から時間をとらえる。それらの時点は、できごとや物体それ自体の一部ではなく外部に存在するので、「外的時間」と呼ぶことにしよう（図1a）。これは古典物理学によって暗黙の前提と、また現代の神経科学によって支配的と見なされている時間観である。そこでは、内的な神経活動や最終的には心の事象によって特徴づけられる脳は、コンテナとしての世界の外的時間の内部に「位置する」とされる。

それに対して「構築的時間観」は、時間をできごとや物体間の関係としてとらえ、それらの時空間的な関係をできごとや物体それ自体の一部と見なす。この関係は、できごとや物体それ自体に（外在するのではなく）内在するので、「内的時間」と呼ぶことにしよう（図1b）。内的時間は、時間の連続的な構築物を波として記述する量子理論にもっともはっきりと見て取ることができる。脳も、連続的な変化と経過によって特徴づけられる独自の波を持つ内的時間を示す。そのような脳内時間の構築は、脳を世界の外的時間から分かつ――この考えによって、コンテナ的時間観とは異なる構築的時間観が生み出されたのだ。脳がいかに脳内時間の波を構築しているのかを理解するために、ここで神経科学に目を向けてみよう。

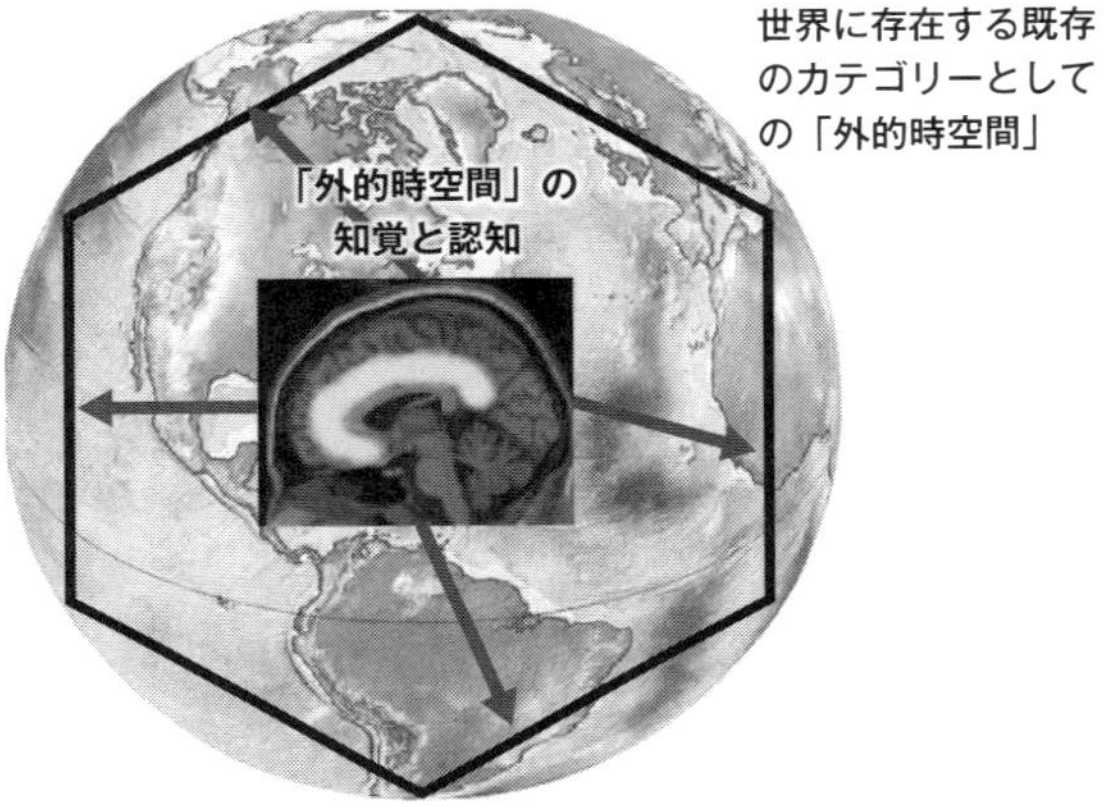

図1a 「外的時間」と脳――時間の「コンテナ観」

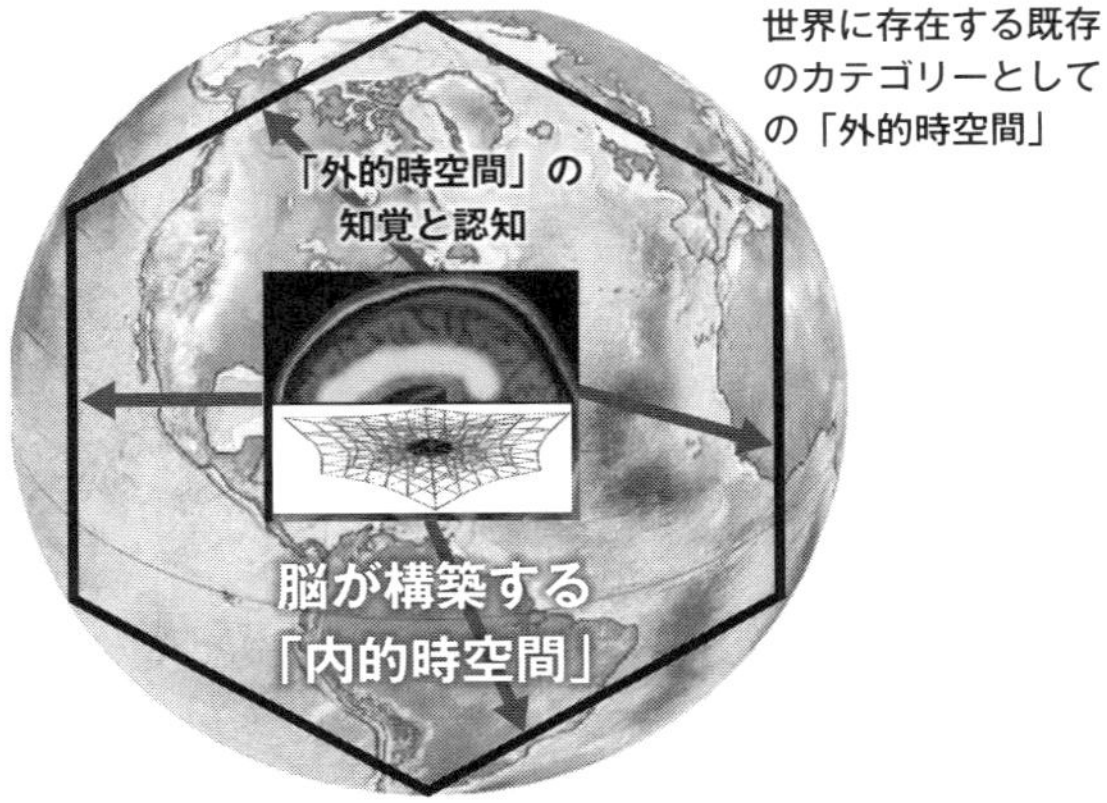

図1b 「内的時間」と脳――時間の「構成の視点」
図1aおよびbは、外的時空間と脳の2つの異なる関係を示している。図1aは、脳の神経活動が、外的時空間の知覚と認識をどのように媒介するかを示している。一方、図1bは、外的時空間に対する私たちの知覚と認識を媒介する、脳そのものが示す内的時空間のあり方を示している。

脳内時間——周波数と時間窓

脳は、さまざまな波によって脳内時間を構築する。それには短い波もあれば長い波もあり、波長に応じて「時間的持続」が異なってくる。時間的持続は、時間的範囲、すなわち神経活動の周期に関係し、それには超低周波（〇・〇〇〇一〜〇・一ヘルツ）、非常に遅い周波（〇・一〜一ヘルツ）、デルタ波（一〜四ヘルツ）、シータ波（五〜八ヘルツ）、さらにはアルファ波（八〜一二ヘルツ）やベータ波（一三〜三〇ヘルツ）や広域ガンマ波（三〇〜二四〇ヘルツ）のようなより速い周波に至る、さまざまな周波数帯域が含まれる（図2）。これらのさまざまな脳波はそれぞれ独自の機能を示し、基盤をなす独自の神経生理学的なメカニズム、振る舞い、機能に関連している。

脳の神経活動の時間的持続は、ミリ秒から秒を経て分に至る範囲で示される、固有の時間的な自己相関によっても特徴づけられる。これは、波を構成するさまざまな連続的部位が、短い、あるいは長い時間間隔にわたって互いに関連し合っていることを意味する。それらの時間尺度《タイムスケール》は、「自己相関　窓《ウィンドウ》」や、べき乗則やハースト指数のようなスケールフリー的な、すなわちフラクタル的な性質によって測定することができる（以下を参照）。そしてそれは、脳の「固有の」時間

（「内的な時間的持続」）が高度に構造化され組織化されていることを示している。脳の神経活動における時間的な構造化や組織化は、意識の形成において中心的な役割を果たす。

脳の神経活動に固有の時間的な組織化は、環境から到来する外在的な刺激やできごとの処理に強い影響を及ぼす。独自の周期的な持続期間を持つ各脳波は、その時間的特性を介して外在的な刺激やできごとを取り込み、コード化するために、「機会の窓」、言い換えると「受け入れ時間窓」を提供する（Hasson et al. 2015; Wolff et al. 2022）。かくして脳は、受け入れ時間窓を構築して外界から到来する外在的な刺激やできごとを受け取り処理しているのだ（Wolff et al. 2022; Golesorkhi et al. 2021a）。家屋のさまざまな窓を通して、居住者が周囲の異なった風景を眺めることができるように、脳は内的な時間窓を用いて環境で起こるさまざまなできごとを処理しているのである。

脳内時間──スケールフリー活動

脳の自発的な活動は、超低周波から非常に遅い周波を経て高周波に至る、さまざまな周波数帯域にわたって働く高度な時間的構造を示す。重要な点を指摘しておくと、それらの周波数帯域における神経活動は、入れ子状、つまりフラクタル状の構造を示す。ロシアのマトリョーシカ人形が大きな人形の中により小さな人形が含まれ、その中にさらに小さな人形が含まれるという構造

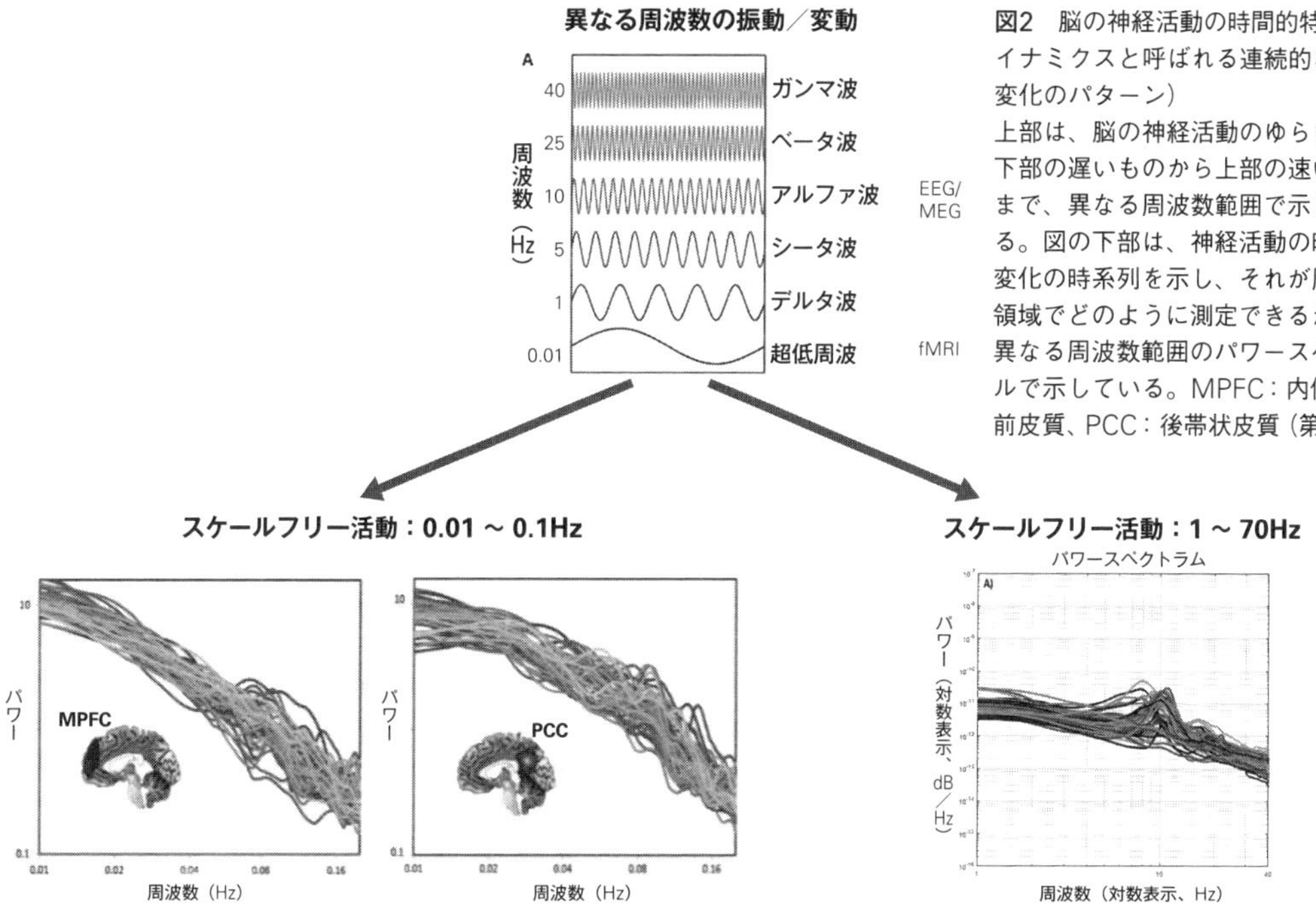

図2　脳の神経活動の時間的特徴（ダイナミクスと呼ばれる連続的な時間変化のパターン）
上部は、脳の神経活動のゆらぎを、下部の遅いものから上部の速いものまで、異なる周波数範囲で示している。図の下部は、神経活動の時間的変化の時系列を示し、それが周波数領域でどのように測定できるかを、異なる周波数範囲のパワースペクトルで示している。MPFC：内側前頭前皮質、PCC：後帯状皮質（第4章）。

を持つのと同様、弱く小さな速い脳波は、それより若干強くやや遅い脳波に入れ子状に含まれ、さらにその波はもっと強力で遅い脳波に含まれるといった構造が見られるのだ。このような時間的な入れ子構造の特徴は、「スケールフリー性」にある。なぜなら、（遅い脳波と速い脳波のパワーに関する）同一の時間的な関係がさまざまなタイムスケール（つまり遅いタイムスケールと速いタイムスケール）にわたって保たれるからである。

スケールフリー性は、長範囲時間相関によって特徴づけられる。長範囲時間相関とは、より遅い脳波が、より速い脳波と時間的な関係を介して相関することを意味する。長範囲時間相関は、より速い脳波の規則的な振動よりも、超低周波（〇・〇一〜〇・一〇ヘルツ）における不規則な変動をおもに反映するため、単なる「ノイズ」と見られやすい。しかしこのノイズのような信号は、特定のあり方で組織化された神経活動から生じ、構造化されたノイズ、つまり「ピンクノイズ」をなす（He et al. 2010）。ピンクノイズは、私たちが用いた測定方法に関連して生じる、「ホワイトノイズ」もしくは「ポアソンノイズ」と呼ばれる構造化されていないノイズとは区別される。次章で取り上げるデータが示すところでは、構造化されたノイズに似た信号は、自己や意識の形成に中心的な役割を果たしている。

長範囲時間相関というスケールフリー的、フラクタル的な性質に加え、超低周波、遅い脳波、速い脳波は周波数間カップリングによって相互に結合《カップリング》している。周波数間カップリングは、さまざまな周波数の脳波間の系統的な関係を示す。その関係によって遅い脳波（の位相）が速い脳波（の振幅）に漸進的にカップリングしていき、それを通じて、さまざまな周波数の脳波のあいだで一定の構造と組織が保たれているのである。

要するに、脳内時間は、脳神経活動に内在的な、すなわち内的な時間的持続を構築するスケールフリー活動によって特徴づけられる。これから見ていくように、脳による内的な時間的持続の構築は、自己や意識のような心的機能の形成に中心的な役割を果たしている。さらに言えばスケールフリー活動は、世界の至るところに存在する。私の考えでは、スケールフリー活動によって構築される脳の時間的持続は、はるかに広範な世界の時間的持続の内部に入れ子状に埋め込まれているのだ。

脳内時間から世界内時間へ

脳はいかにして世界の内部に入れ子状に埋め込まれているのか？　脳内と同様、世界内の活動も時間の経過につれ変動する。この変動は、（世界の一部としての）脳内に見て取れるように、たとえば〇・〇一～二四〇ヘルツなど、さまざまな周波数帯域で生じる。重要な指摘をしておくと、それらの変動は完全にランダムなものではなく、時間の経過につれ互いに一定の関係や構造を示す。この時間的な構造はさまざまなタイムスケール、すなわち周波数帯域を横断して作用し、そのためスケールフリー活動と呼ばれている。また時間的な入れ子構造によって規定され、ロシアのマトリョーシカ人形のように、より強く遅い周波は、あまり強くはない速い周波を含んでいる。

世界における時間的な入れ子構造の一例は、地震波に見られる。中国系アメリカ人の神経科学者ビユ・フー（He at al. 2010）は、脳のスケールフリー性のみならず、四か月にわたる地震波の記録や、八〇年間に及ぶダウ平均株価の変動記録から得られたデータをもとに時系列に沿った活動を調査している。その際彼女が立てた問いは、時系列に沿った地震波や株価の変動が、長範囲時間相関によって示される時間的な入れ子構造を持つスケールフリー構造を示すか否かであった。

この調査によって、地震波や株価の変動は、脳と同様、時間的パワースペクトルにおいてスケールフリー性を示すことが判明している。興味深いことに、べき乗指数（ＰＬＥ）は地震波については一・九九、株価変動については一・九五で、脳の自発的な活動のそれに近い（〇・一ヘルツ未満の脳波で中間値二・二）。これら、ならびに海洋の波、風、鳥の鳴き声などの自然界の他の例を考慮すると、スケールフリー活動は、世界内の普遍的な特性と見なすことができる。世界は、さまざまな周波数帯域における変動のあいだに時間的な入れ子構造をともなう、スケールフリー状の内的時間を構築する。そのことは脳にも当てはまる。脳は全体としての世界とそのスケールフリー活動の一部をなすので、脳内時間もスケールフリー状に構築されるのである。

脳は脳内時間をスケールフリー状に構築することで、全体としての世界の一部になり、それ自体を世界内時間の内部に統合する。つまり脳内時間は、世界内時間の内部にスケールフリー状、入れ子状に埋め込まれているのだ。脳が時間的に世界の内部に入れ子状に埋め込まれていることは、世界内時間と脳内時間のあいだに長範囲時間相関が存在することを意味する。かくして脳の長範囲時間相関は私たちを世界内に閉じ込める――そのような状態が意識の鍵をなしている。脳のスケールフリー性が長範囲時間相関もろとも崩壊すれば、私たちは世界から切り離される――そして世界から締め出され、意識の喪失に至る（第2章参照）。

時間と空間の収斂

脳の内的な空間――脳の自発的な活動の空間的構造

本書は脳と時間に焦点を絞る。しかし物理学や哲学が説くところでは、時間は空間に密接に結びついている。それは脳にも当てはまる。したがってここで、「空間的広がり」によって特徴づけられる脳の空間的構造とその「内的空間」、ならびにそれがいかに時間的持続に関係しているのかについて簡単に説明しておきたい。

機能的磁気共鳴画像法（fMRI）や脳波計（EEG）などの装置を用いた初期の研究は、刺激によって喚起される活動（典型的には、感覚運動的、認知的、感情的、社会的な刺激や課題に対する脳の反応）に焦点を絞っていた。最近になって、脳画像法を用いた研究は空間的、時間的な構造によって特徴づけられる脳の自発的な活動にその焦点を移してきた。当初は、脳の自発的な活動は特定の神経ネットワーク、すなわちデフォルト・モード・ネットワーク（DMN）に含まれると考えられていた。しかしやがて、自発的な活動は脳全体に広がっていることが明らかになった。

自発的な活動は、セントラル・エグゼクティブ・ネットワーク、顕著性ネットワーク、感覚運動ネットワークなど、さまざまな神経ネットワークに見られる。視覚皮質のような外来の刺激に依存する領域にすら、自発的な活動が認められる。自発的な活動においては、いくつかの特定の脳領域のあいだで安静時の活動レベルの連携が取られる——安静時の活動レベルは機能的な接続性、つまり神経ネットワークの形成によって測定することができる。かくしてネットワークの形成に至る各脳領域間の関係によって、脳の自発的な活動における複雑な空間的構造や広がりが構成されるのである。

脳の内的な空間——空間的延長と時間的持続の収斂

脳の内在的な活動において、空間的な構造や広がりと、時間的な構造や持続がいかに関連しているのだろうか？　ある研究では、デフォルト・モード・ネットワーク（特に後帯状皮質）に、とりわけベータ周波数帯域に関して他のネットワークとの最高レベルの相関が見出されている（de Pasquale et al. 2012）。デフォルト・モード・ネットワークと他のネットワークの相互作用は、他のネットワーク同士の相互作用よりはるかに活発に行なわれているのだ。その理由は現時点ではわかっていないが、脳の中央部を占めるデフォルト・モード・ネットワーク（とその正中線構造〔脳の左右半球が接している領域のことで、帯状皮質もその一部である〕）の位置にも関係があるのかもしれない。

その種のネットワーク間の相互作用は、力動的かつ一時的なものであり、よってつねに変化している。たとえば、デフォルト・モード・ネットワークと他のネットワークのあいだでは、同期の度合いが低い時期と高い時期が交互する。この発見は、空間的構造が時間的な力動性、つまりさまざまな周波数帯域の振動に密接に結びついていることを示唆する。神経ネットワークごとに、異なる周波数帯域を示すこともある。たとえばヒップ、ハウエレク、コルベッタ、シーゲル、エンゲル（Hipp, Hawellek, Corbetta, Siegel & Engel 2012）は、内側側頭葉がシータ周波数帯域（四〜六ヘルツ）、また外側頭頂部がアルファからベータにかけての周波数帯域（八〜二三ヘルツ）、そして運動感覚領域がそれより高い周波数帯域（三二〜四五ヘルツ）の活動によっておもに特徴づけられることを見出している。以上の発見は、脳の自発的な活動においては空間次元と時間次元のあいだに密接な結びつきがあることを示している。

空間的構造と時間的構造の密接な結びつきは、時間窓にも見て取れる。脳の神経活動における短い時間窓は、おもに感覚領域や運動領域で見られる。それらの領域は、速い入力刺激を処理し、速い運動出力を仲介する必要があるので、短い時間窓が非常に適している——そのような機能には、高度な時間的精度の確保を可能にする短い時間窓が最適である（Wolff et al. 2022; Golesorkhi et al. 2021a; Golesorkhi et al. 2021b)。短い時間窓は、ラッシュアワーに車を運転するなどといった外的な課題を遂行する際に、その順調な進行を促してくれる。

それとは対照的に、デフォルト・モード・ネットワークのような脳の中心部に位置する領域は、より長い時間窓を示し、外来の入力刺激の処理には関与せず、内的な入力刺激の仲介に強く関わっている。長い時間窓は、外部入力に注意を払っているときよりも、ガラガラの高速道路の長い直線区間を運転する際など、内的な思考にふけっているときに、その進行を促す。このように、長い時間窓はおもに脳の中央、核心部に位置するネットワーク内で生じる。というのも、それらのネットワークは、感覚領域や感覚ネットワークほどには外部入力に強くさらされていないからである。かくして脳内では、時間的持続と空間的広がりが統合されている——このことは、自己や意識のような心的機能を理解するにあたって鍵になる。

「受動的な脳」モデル——外的時間の知覚と認知

脳は能動的に脳内時間を構築する。この考えは、過去や現在の神経科学の見方とは非常に異なる。そこでは、脳はどちらかと言えば、外界の刺激やできごとを受け取って処理する、いわば受動的な器官としてとらえられている。哲学界では、受動的な心という見方はイギリスの哲学者デイヴィッド・ヒューム（一七一一～一七七六）によって提起された。彼は自己や意識をともなう心を、単に外的な刺激やできごとと結びつくことで生じるものと見なした。それに対して心それ自体は、環境からの外的な刺激によって引き起こされる活動以外には、いかなる内在的な、すなわち自発的な活動も示さないとした。

その種の、心を受動的なものとしてとらえる見方は、脳にも適用されてきた。イギリスの神経学者サー・チャールズ・シェリントン（一八五七～一九五二）は、脳と脊髄を何よりもまず反射的な器官と見なした。このモデルにおける「反射的」とは、脳は、聴覚刺激や視覚刺激などの感覚刺激に、決められたあり方で自動的に反応する、単なる受動的な器官であることを意味し、次のように考える。身体もしくは環境から到来する脳の外部からの刺激のみによって、それに続く神経活動が完全に決定される。その結果生じる、刺激によって引き起こされた活動や、より一般的には脳内のいかなる神経活動も、外的な刺激やできごとにその起源が求められる。よって脳の活動は、環境の外的時間によって完全に決定され、いかなる内在的な活動も内的時間も示さない――だから私はそれを「受動的な脳」モデルと呼んでいるのだ。

「受動的な脳」モデルは現在でも広く通用している。神経科学は、外界のできごとに関する知覚や認知の神経相関に着目している。そこでは、時間は外的な刺激やできごとそれ自体、すなわちそれらが生じる個別的な瞬間にのみ関連するのであり、脳は刺激が生じる個別的な瞬間を処理し、せいぜいそれらを結びつけ統合するにすぎないとされている（Wolff et al. 2022)。つまり時間は、脳にとって純粋に外在的なものであり、脳は、世界の外的時間（内的時間を入れるコンテナとしての役割を果たす）とは区別される独自の内的時間を持たない。したがって現代の神経科学においては、脳内時間の構築に焦点が置かれることはない。

「能動的な脳」モデル――自発的な活動

だが脳を受動的なものとしてとらえる見方は、私たちが持つ能動的な心の経験にはそぐわない。私たちは、いかなる外的な刺激やできごととも独立した自由意志、さらには自発的な思考や夢も経験する。「受動的な脳」モデルは、心の能動的な性質をいかに説明できるのか？　脳と心を結びつけるためには、見かけは受動的な脳を能動的な心の経験に関連づける必要がある。その一つの戦略は、脳による能動的な時間の構築と、心的機能におけるその重要性を見極めることにある。

ヒュームのあとを継いだのは、ドイツの哲学者イマニュエル・カント（一七二四〜一八〇四）である。カントによれば、心はさまざまな外的刺激を処理し結びつけることで受動的に振る舞うだけでなく、そこに何ものかを、つまり独自の内的な活動をつけ加える。心は内的時間と内的空間によって特徴づけられる独自の自発的な活動を呈する――カントはそのような時空間構造を「カテゴリー」と呼んでいる。重要な指摘をしておくと、心が持つ独自の内的な時空間構造によって、外的な刺激を処理するあり方が決定される――したがって外的な刺激やできごとによって引き起こされる活動は、能動的な側面と受動的な側面の両方を合わせたものと見なせる。

カント流の「能動的な心」モデルが示唆するところでは、脳それ自体が、外的な刺激から独立した脳内時間によって特徴づけられる独自の自発的な活動を能動的に構築する（Northoff 2012）。そのようなモデルは、シェリントンの弟子の一人トーマス・グラハム・ブラウン（一八八二〜一九六五）によって提起されていた。ブラウンは師のシェリントンとは対照的に、脳の神経活動――脊髄と脳幹内の活動――はおもに外的な刺激に駆り立てられ維持されているのではなく、脊髄のニューロンも脳幹のニューロンも、内発的な活動を呈すると考えた。なお、現在この仕組みは、運動ニューロンにおける中枢パターン生成器と呼ばれている。彼は、脳に関するより能動的な見方を提起したほか、アルプス登山でも活躍し、モンブランの東壁を登る三つの新たなルートを発見している。

二〇世紀前半、他の神経科学者たちがブラウンに続いた。一九二四年にEEGを導入したことでよく知られるドイツの精神科医ハンス・ベルガー（一八七三〜一九四一）も、脳に自発的な活動を観察している。なお残念なことに、彼は第二次世界大戦中にうつを発症して自殺したため、自分の発見の影響を見届けられなかった。他にもジョージ・H・ビショップ（Bishop 1933）、カール・ラシュレー（Lashley 1951）、クルト・ゴールドシュタイン（Goldstein 2000）らがブラウンの考えを受け継ぎ、脳は独自の自発的な活動を能動的に生み出すと主張した。二〇世紀後半に入ると脳の自発的な活動はおおむね無視されていたが、現代における神経科学の第一人者の一人マーカス・レイクル（Raichle et al. 2001）によるデフォルト・モード・ネットワークの発見とともに再び脚光を浴びるようになった。レイクルは、とりわけデフォルト・モード・ネットワークに高いレベルの自発的な活動が見られることを実証し、それが脳や認知のデフォルト・モード、つまり基準値《ベースライン》をなしていると考えた（Raichle 2009; Raichle 2015; Northoff et al. 2022）。

脳から心へ――共通通貨としての内的時間

以上の研究やその他の研究から、脳の自発的な活動が果たしている重要な役割、すなわち外的な刺激やできごとの能動的な処理について知ることができる。私はこれを「能動的な脳」モデルと呼んでいる。ドイツの初期の神経学者クルト・ゴールドシュタインは、一九三四年の著書『生体の機能——心理学と生理学の間』（みすず書房）で、その種のモデルについて次のように述べている。

このシステムは休むことがなく、絶えず興奮状態に置かれている。神経系は通常、刺激に対する反応としてのみ興奮する、安静状態にある器官だと見なされている。（……）その見方では、一定の刺激の入力に続いて生じる事象は、神経系における興奮状態の変化の現れにすぎず、興奮のプロセスの特殊なパターンでしかないことが認識されていない。安静状態に置かれたシステムという想定は、外的な刺激のみが考慮されているという事実によって特に好まれているのだ。そのため、生物は外来の刺激を欠いているときでも、絶えず内的な刺激の影響にさらされているという事実がほとんど考慮されていない——トーマス・グラハム・ブラウンが特に重要性を指摘している血液から発せられる刺激などの内的な刺激の影響は、生物の活動にとって非常に重要なものであるかもしれないにもかかわらず。(Goldstein 2000, 95–6)

脳の自発的な活動の発見は、脳に関する私たちの理解を根底から変えた。脳の自発的な活動は、脳をもっぱら外部からの刺激によって駆動する器官ととらえる見方より、レイクルが「脳の内在性モデル」と呼ぶ見方のほうが正しいことを示唆する（Raichle 2009; 2010）。脳の自発的な活動が、課題や刺激によって引き起こされる活動（それには関連する感覚機能や認知機能が含まれる）を構造化し組織化するというこの見方は、カント流のモデルを思い起こさせる（Northoff 2012a; 2012b）。またそれは、「能動的な脳」モデルへと収斂する。

「能動的な脳」モデルは、脳による独自の内的空間と内的時間の構築へと研究の焦点を移す。たとえば私は、脳が自己相関やスケールフリー性を介して時間的持続を構築していることを示した。脳内時間には、どんな役割や機能があるのか？　現時点では、その答えはわかっていない。私は、心的機能の働きに脳内時間が重要な役割を果たしていることの実証を目指している。とりわけ、脳の自発的な活動による脳の内的時間（と内的空間）の構築が、脳と心のあいだにある未発見のミッシングリンクを埋めてくれるだろうと考えている――神経の状態も心の状態も、「操作時間」（Fingelkurts et al. 2010）、あるいはそれらの「共通通貨」（Northoff et al. 2020a; Northoff et al. 2020b）として脳内時間を共有しているのだ。なおそれについては、以下の章で検討する。

神経科学や物理学では、脳と時間はたいてい個別に扱われる。しかし私は本書で、世界の外的時間とは区別される独自の内的時間によって脳を特徴づけることで、脳と時間を収斂させる。この考えは、実験によって確固たる裏づけが得られている。最近の研究が示すところでは、脳は自己相関やスケールフリー性を介して能動的に時間的持続を構築している。私は古代の先達に倣って、これまで支配的だった「受動的な脳」モデルとは異なる「能動的な脳」モデルを提起したい。「能動的な脳」モデルは、脳内時間、したがって絶えざる変化（力動性）によって脳を特徴づける。古代ギリシアの哲学者ヘラクレイトスの言葉をもじって言えば、「私たちは決して、同じ脳に二度出くわすことはない」。この考えは、現代の哲学界において時間の力動性と呼ばれている見方、具体的に言えば、諸事象は、日没時の太陽が昨日と今日と明日で位置を変えるように、現在の瞬間との関係で位置を変えるとする見方をともなう。そのような力動的な見方は、時間はまったく変化しないとする静的な見方とは区別される。

最近の物理学における時間の見方（Smolin 2013; Weinert 2013; Rovelli 2018）の変遷に従って、ここで私は、脳と世界の時間に関する力動的な見方を提起したい。次章で私は、脳内時間の力動性が、いかに脳と身体、そして脳と世界の関係を形作っているのかを、さらにはそれが自己や意識のような心的機能の働きに重要な役割を果たしていることを示す——脳と心は、「共通通貨」として同一の力動性を共有しているのである（Northoff et al. 2020a; Northoff et al. 2020b）。

第２章

脳の時間から世界の時間へ

はじめに

時間は、世界内においてさまざまな方法で構築される。地震波を例に取ると、時間は超低周波振動から成る極端に長い周期の波で構築され、それが地震となって突発する。現代物理学は、地震波を用いてさまざまな内的時間の構築について調査し、理解しようと努めている。この目標は、たとえば時系列に沿った地震波の構成を調査し、その時間的な変化を追跡して特定の原理を抽出することで達成できる。その原理の一つとしてあげられるのは、さまざまな周波数帯域（遅い／速い）間と、対応するタイムスケール（長い／短い）間の時間的な入れ子構造によって特徴づけられるスケールフリー性である。重要な指摘をしておくと、この原理は世界の時間の構築と脳の時間の構築の双方に当てはまる。

意識についてはどうか？　一方では、脳内時間が意識と関係するのなら、意識が弱まったり失われたりしたとき、たとえば全身麻酔をかけられているときや睡眠中、あるいは昏睡状態に陥ったときには、主要な原理の一つであるスケールフリー性も、失われはしなかったとしても何らかの変化を被ると考えられる。他方では、ＬＳＤ、シロシビン、ケタミン、アヤワスカのような精神刺激薬を服用した場合など、意識や、知覚の先鋭度が高まった状態が存在する。神経科学者たちは、以下に述べるように機能的磁気共鳴画像法（ｆＭＲＩ）や脳波計（ＥＥＧ）などの脳画像技術を用いてそれらの心的状態を調査している。

本章では、意識と脳内時間の重要な関連性を明らかにする。脳内時間と世界内時間の結びつきは、意識にとって必須のものだ。たとえば世界と、世界の時間から締め出されれば、私たちは意識を失う。したがって、意識に対する既存のアプローチには、脳それ自体や、身体化のアプローチに見られるように、脳と身体に焦点を絞る傾向が認められるとしても、脳と世界の結びつき、そして両者の流動的なタンゴは、意識にとって不可欠なものである。

脳の時間──スケールフリー性と意識

スケールフリー性の崩壊

スケールフリー性はパワーバランスを規定し、遅い周波のほうが速い周波より強力である（第

1章参照)。またそれによって、さまざまな周波数とそれに対応するタイムスケールを横断する長範囲時間相関が生み出される。長範囲時間相関はべき乗指数やトレンド除去変動解析法によって測定することができる。

スケールフリー活動はいかに意識と関係するのか? それはその人の興奮や覚醒の程度を示す。全身麻酔をかけられているときや睡眠中、あるいは昏睡状態に陥ったときには、意識のレベルは低下する。それに対して精神刺激薬を服用したあと、あるいは睡眠不足に陥っているときには、意識のレベルは高まり、その人は、外界の変化に敏感になり強い警戒心を示す。たとえば疲れているのに眠れないとき、人は過度の興奮を示す。脳の処理が非常に速くなり、外的な刺激やできごとに対する知覚が研ぎ澄まされ、かくして強い反応性と動揺によって特徴づけられる高いレベルの興奮が生じるのである。

それらの状況のもとでは、べき乗指数やトレンド除去変動解析法によって示されるスケールフリー性はどうなるのだろうか? (おもにfMRIを用いた)いくつかの安静状態の研究では、深い全身麻酔、睡眠、昏睡状態にある被験者に、完全に中断してはいないとしても極度に低調なスケールフリー活動が見出されている(Zhang et al. 2018; Tagliazucchi et al. 2013, 2016)。この場合、遅い脳波と速い脳波のいずれにおいてもパワーが極度に減衰しており、この状態は基本的に、脳の自発的な活動における、長範囲時間相関を含めたスケールフリー構造の完全な崩壊をもたらす。パワースペクトルは平坦で（低く）、遅い脳波と速い脳波のパワー分布は等しくなる。これは、遅い脳波と速い脳波、ならびにそれに対応する長いタイムスケールと短いタイムスケールのあいだにもはや差異が存在しなくなることを意味する。

意識の崩壊

脳内時間における脳波／タイムスケールの差異が失われると、なぜ意識の喪失が引き起こされるのだろうか？　それが失われると、身体／脳からの内的な入力刺激に関しても、環境からの外的な入力刺激に関しても、すべての処理が同一になる。脳はもはや、異なる入力刺激の処理に対して異なる脳波やタイムスケールを割り当てられなくなり、どこから入力されたのか――脳からか、身体からか、環境からか――に、またその内容に関係なく、あらゆる入力刺激を同じ様態で処理してしまうのだ。この状況は、誰かがいつまでも同じ言葉や文章を繰り返ししゃべっている状態にたとえることができる。そこに差異はいっさい認められない。脳の神経活動は、いかなる時間的な差異も（空間的な差異も）示さない均質的なスープと化し、脳内時間の時間的な構造は完全に失われる。

脳内時間が、いかなる時間的な構造も差異も示さなくなれば、自己、身体、環境の違いを含め、あらゆる種類の世界の経験の差異が失われてしまう。差異が存在しなければ、私たちは均質的なスープしか経験しなくなる。これは、最終的には何も経験しなくなることを意味する。脳内時間のスケールフリー構造が失われれば、意識も失われる——私たちはそこから締め出される。

鎮静時、早期の浅い睡眠時（N1やN2〔N1とN2は浅いノンレム睡眠〕など）、最小意識状態にある場合など、意識が曇っているときはどうか？　それらの状態のもとでは、遅い脳波のパワーは維持されるか高められるのに対し、速い脳波のパワーは弱まり減衰する。またその結果、べき乗指数（PLE）やトレンド除去変動解析法（DFA）の測定値〔以下単にPLEやDFAとのみ記す〕は高まる。したがって、意識が曇っているときには、スケールフリー活動は維持されるものの、遅い脳波へと異常なほど活動の中心を移す。そのような状態にある脳は、操り人形のように歩いたり泳いだりしている人にたとえることができる。それに対して意識を完全に欠いているときには、その人は歩くことも泳ぐこともまったくできなくなる——意識の完全な喪失の表れとして、いかなる動作も崩壊する。

意識の拡大

意識のレベル／状態が高まった状態での、脳の自発的な活動のPLEやDFAの変化に関しては何が言えるのか？　精神刺激薬によってサイコシス〔妄想や幻覚をおもな症状とする精神病〕を一時的に引き起こす（おもにfMRIを用いた）最近の研究では、速い脳波のパワーは増大し、遅い脳波には変化が生じないことが見出されている。このように、パワーバランスは速い脳波へと傾斜しており、その結果、薬物によって引き起こされたサイコシスでは、ＰＬＥやＤＦＡが低下する。程度に違いはあれ、睡眠不足の被験者を対象にＥＥＧを用いて行なわれた研究でも、速い脳波のパワーが増大し、ＰＬＥやＤＦＡが低下するという類似の結果が見出されている (Meisel et al. 2017)。

　スケールフリー活動における、そのような速い脳波に傾斜した、活動の中心の移行によって、脳の力動性の範囲《レパートリー》は、意識喪失時に減退するのとは異なり拡大する。脳の力動性のレパートリーの拡大は機会の大幅な増加をもたらすとともに、拡大されたレパートリーをいかにコントロールするかなどの問題も生み出す。脳の力動性や時間性のレパートリーの拡大は、被験者がそのような拡大された意識の状態に置かれたときに経験する、空間や時間の境界の拡張に見て取れる。主観的に知覚される時空間的なレパートリーは拡大し、その状況は被験者によって快適に感じられたり、不安に感じられたりする。

　以上の結果から、意識のレベル／状態が高まったときと低下したときでは、脳の自発的な活動のＰＬＥやＤＦＡに逆の変化が起こることがわかる。鎮静時、Ｎ１やＮ２睡眠中、最小意識状態に置かれている場合など、意識のレベル／状態が低下しているときには、パワースペクトルが速い脳波から遅い脳波へと移行するために、ＰＬＥやＤＦＡが高まる。また意識のレベル／状態が高まると、それとは逆の反応が生じる。つまりパワースペクトルが速い脳波へと移行し、PLEやDFAが低下するのである。

繰り返すと、これらの変化は、意識が曇っている場合と拡大した場合では、逆の結果をもたらす。今や私たちは、スケールフリー活動をともなう脳の力動性や時間性のレパートリーが、いかに意識における時間的な変化に変換されるかを見て取ることができよう――時間、つまりスケールフリー活動は、脳と意識の共通通貨を提供する（Northoff et al. 2020a; Northoff et al. 2020b）。より一般的に言えば、以上の例から時間が意識の基盤であることがわかる。

時間は絶えざる変化と持続の両方を含む。さまざまな脳波とタイムスケールを横断する脳内時間の連続的な変化や流れは、何よりもまず意識の持続を可能にする。したがって変化と持続は相互排他的ではなく両立する。つまり脳の神経活動は、スケールフリー性に従って一定の構造化されたあり方で連続的に変化する川のようなものであり、そうであることによって意識の持続が確保されるのだ。ひとたび川の流れが止まれば、川も、よって意識も崩壊する。このように時間とその構造は、川のみならず意識にとっても不可欠のものなのである。

脳＋世界＝意識

世界と脳の「自己相似性」

なぜスケールフリー活動が意識に関連するのか？　それを知るためには、もう一度スケールフリー性の本質について考えてみる必要がある。さまざまなタイムスケールにおける変動は、単にランダムに、あるいは偶然に起こるのではなく、スケールフリー分布を示す。スケールフリー性とは、活動やプロセスの力動性が特定のスケールに支配されないことを意味する。これは、緩慢に減衰し長期間にわたり延長する長範囲時間相関による自己相関として顕現する。ここには、「自己親和性」もしくは「自己相似性」を示す特定の時間的な構造が存在する。

「自己相似性」とは、全体の一部が全体とまったく同一の構造を示す場合を指し、数学ではこれをフラクタルという。入れ子構造をなすロシアのマトリョーシカ人形も、その例の一つだ。それぞれの人形は、もとの人形の正確なレプリカをなし全体として自己相似的であると言える。最大の人形は他の人形とは異なる空間的スケールにあり、よってスケールフリーだと言えるが、それでも自己相似的である。

もう一つ、自己相似的なシステムの例として、ロマネスコと呼ばれる野菜〔カリフラワーの一種〕を取り上げよう（Hardstone et al. 2012を参照されたい）。ロマネスコでは、全体の正確なコピーが、より小さな尺度で何度も繰り返されている。またロマネスコには、小花の代表的な大きさは存在しない。そしてもっとも重要なのは、小花の大きさと、その大きさの小花が出現する頻度のあいだには反比例の関係があることで、小花が小さくなればなるほど、そのサイズの小花の数が増えることである。つまり大きな小花より、小さな小花のほうが多いのだ（以上の説明ではわかりにくいと感じる場合、検索エンジンで「ロマネスコ」とタイプし、検索された画像を参照されたい）。これはべき乗則に従うスケールフリー活動の結果として生じる（第1章参照）。

スケールフリー活動は、自己相似性に関するものである。データによれば、脳のスケールフリー活動は、意識を、鎮静期間中の完全な崩壊から「正常」状態や拡大する方向へと調節する。私はこの発見に基づいて、「意識は脳と世界のあいだの自己相似性に関するものである」、また「脳内時間の指標としての脳のスケールフリー活動が、世界と世界内時間の内部に入れ子状に埋め込まれ、世界と世界内時間に対して自己相似的であればあるほど、それだけ意識のレベル／状態は高まる」と主張したい。要するに、意識は自己相似性、および脳と世界の時間的な入れ子構造に基づいているということだ。

脳のスケールフリー活動は、私たちを世界の内部に入れ子状に埋め込み、それによってそこに閉じ込める。そのように脳が世界内のスケールフリー構造に入れ子状に埋め込まれることで、意識は世界に関する情報や知識を提供できるのだ。私たちは、包括的な全体としての世界の一部として自己や自己の身体を経験する――それは、脳が私たちを世界の内部に定位し閉じ込めるからこそ可能なのである。

とはいえ、ときに私たちは世界に関する判断を誤る。その場合、脳は最適なあり方で、つまりロシアのマトリョーシカ人形のごとく完全に自己相似的な形態で私たちを世界の内部に閉じ込めているのではない〔自己相似性とは、各方向に同じスケーリングルールが適用されること〕。そうではなく不完全な、いわば自己アフィン的なあり方で閉じ込めているのであり、その際に意識が反映しているものとは、世界と脳の不完全で自己アフィン的な対応なのだ〔自己アフィン性とは、各方向に異なるスケーリングルールが適用されることで、同じ形とは限らない〕。脳による世界の内部への私たちの閉じ込めと、私たちと世界の対応が完全であればあるほど、それだけ意識による世界に関する判断の正確さは増す。熟練した瞑想家はこのことをよくわきまえている。つまり世界とよりよく整合し、それと同時に自己の知覚、認知、身体から離脱することが、意識の高まりをもたらすことを心得ているのである——この経験には、個人的な内容にかく乱されない、時間の流れと環境との整合性の強化がともなう。

世界と脳の相関的な歩み

脳内時間と世界内時間の整合性は、いかなるものとして考えるべきか？　ハードストーンら(Hardstone et al. 2012) は、それをさまざまな散歩者にたとえている。ランダム志向の散歩者は、分岐点に至るごとに、右に進むか左に進むかを恣意的に選択する。したがって、右の道をとることもあれば左の道をとることもある（以下に述べるように、ハースト指数は〇・五になる）。また反相関志向の散歩者は、前回選択した方向とは逆の方向を選択する。分岐点に至るたびに、左、右、左……、といった具合に次に進む方向を選択するのだ（ハースト指数は〇・五より小さくなる）。最後に相関志向の散歩者は、自分の好む方向を優先的に選択する。つまりたとえば、たいていは左の道を選択するが、たまに右の道を選択するのである（ハースト指数は〇・五より大きくなる）。

ここで、各散歩者が分岐点ごとに選択する方向を、脳を含めた自然界のさまざまなシステムの活動の時空間的なパターンに置き換えてみよう。それらの活動パターンは、散歩者の行動と非常によく似て、時間と空間の任意のポイントでさまざまな方向をとることができる。自己親和性（たとえば自己相似性）を示す活動パターンは、終始特定の方向を優先する相関志向の散歩者にたとえることができる。この活動パターンにおいては、長範囲時間相関が導かれるだろう。

なぜこのたとえが適切と言えるのか？　スケールフリー活動を示す世界内時間と脳内時間の関係は、「空間と時間の内部における相関志向の散歩者」にたとえることができる。世界と脳は、空間と時間の内部である程度相関しながら歩む——世界内時間の構築と脳内時間の構築のあいだには、スケールフリー性というある程度の時間的な整合性が存在する。つまり、世界内時間と脳内時間がきっちりと対応して緊密に相関すればするほど、それだけ強く互いに時間的に関連し合い、リンケンケール＝ハンセンらの独創的な論文（Linkenkaer-Hansen et al. 2001, 1375 and 1376）が示すように、「動的な構造的記憶」の形態として、両者のあいだで長範囲時間相関が共有されるようになるのだ。

意識は、世界のスケールフリー活動との関係を含め、脳のスケールフリー活動に依存しているため、脳の「世界の空間と時間の内部における相関的な歩み」を反映する。相関的な歩みのおかげで相関志向の散歩者が公園を逍遥できるように、私たちは意識のおかげで世界を逍遥できる。つまり意識は、私たち自身や個々の脳に最適な道を、世界の内部で見つけ出し逍遥することを可能にする。その理由は、スケールフリー活動が、共有された動的な構造的記憶に基づく、脳と世界の相関的な歩みを可能にするからだ。

意識を失えば、私たちは世界の内部で迷子になる。そうなると、世界の空間と時間の内部における脳の相関的な歩みも失われる。つまり完全に意識が失われた場合に見られるように、脳は世界から締め出されるのだ。私たちはもはや全体としての世界の一部ではなくなり、したがってその内部を逍遥することもできなくなる。意識が拡大すると、その逆が生じる。精神刺激薬によって意識が拡大すると、相関的な歩みにおいてあまりにも多くの選択肢が与えられ、私たちは世界に過剰に結びついてその内部に閉じ込められる。そのような世界との高度な相関の経験にうまく対処して、それを享受する人もいる。その一方で、力動性のレパートリーや、取りうる歩みとその内容の選択肢の過度の増大にうまく対応できない人もいる――極端な場合には、「ホラートリップ〔恐ろしい幻覚体験〕」と呼ばれる状態に至ることがある。

世界の波に乗って心のサーフィンをする

脳と世界の相関的な歩みを思い描くには、どうすればよいのか？　ここでそれをサーフィンにたとえてみよう。意識とは、脳を通り過ぎる世界の波に乗るための一つの手段だと言える。絶えず押し寄せてくる、スケールフリーの変動を示す海洋の波にうまくサーフボードを合わせられればば合わせられるほど、サーファーは、それだけ巧みに、かつ長くサーフボード上に立ってサーフィンを続けることができる。世界と意識にも、同じことが当てはまる。つまり脳がそれ自体をうまく世界の波に合わせられれば合わせられるほど、私たちは、それだけ巧みに、かつ長く世界の波に乗って意識を保つことができるのである。

意識が曇ったり、何らかの理由で制限されたりすると、サーフボードは縮んで、やがてまったく機能しなくなり、サーファーは海に転落せざるを得なくなる。そして転落した瞬間、私たちは世界から完全に切り離されて意識を失う。それに対して、精神刺激薬を服用するなどして意識が拡大すると、サーフボードも拡大し、世界との界面《インターフェース》が広がる――するとその人は、自己をより広く包括的な波の一部として、そして最終的には力動性を備えた海洋それ自体の一部として感じ経験する。

　このように、意識とは私たちが世界の波に乗るために使うサーフボードだと言える。そのためには、絶えず変化する世界の波に脳の波をうまく合わせる必要がある――「世界‐脳」関係とその力動性が意識を可能にする。それゆえ、意識の時空間理論は、他の多くの意識の理論とは異なり、意識の持つ重要なメカニズムの一つとして世界に対する脳の時空間的な整合性を強調する(Northoff & Zilio 2022a; Northoff & Huang 2017; Northoff & Lamme 2020)。

「世界に閉じ込められる」対「世界から締め出される」

世界から脳へ――意識は脳と身体を超えて拡大する

意識は脳と身体を超えて拡大する。私たちは世界を意識し、身体を含めた自己を世界の一部として経験する。意識は脳や身体に制限されず、自己を超えて世界へと拡大する。私たちの視点は世界の内部に「位置し」、そのことが一人称として顕現する、意識の主観的な性質を生んでいる(Northoff & Smith 2022)。何が、そのような、自己を超越する意識の基盤としての視点の拡大を可能にしているのだろうか？

　その一つの方法は、脳が、身体にそれ自体を合わせるのと同様な時間的あり方で、世界にそれ自体を合わせることである。そのような、世界に対する脳の時間的な整合性は、自己を超えて世界へと意識を拡大させることを可能にする。ここで、その考えが正しいことを示そう。脳が世界との時間的な整合性を失うと、意識も失われる。脳は、感覚機能を用いて世界から到来する外的な刺激を処理する。それらの感覚機能は、脳を世界に時間的なあり方で合わせる。たとえば私たちは、音楽に聴き入っているとき、そのリズムに従って自然に体を動かす。それが可能なのは、まさに脳の感覚機能と運動機能が、音楽の時間的な構造に自らの時間的な構造を合わせるからだ。

さまざまな感覚機能の仲介で中心的な役割を果たす脳領域は皮質と、一連の皮質下神経核、すなわち視床と皮質の結合である。この視床と皮質の結合は、外来の感覚刺激の脳内での中継と処理に関して中心的な役割を果たしている。重要な指摘をしておくと、視床と皮質の結合が維持される限り、世界に関する意識は生き生きと保たれる。たとえ運動機能が失われても、――閉じ込め症候群（ＬＩＳ）患者に見られるように――視床と皮質の結合と感覚機能が維持されている限り、意識は保たれる。

身体に閉じ込められていても世界からは締め出されていない

閉じ込め症候群とは何か？　閉じ込め症候群に類似する最初の科学的な臨床記述は一九四一年に報告されており、その患者はやがて無動無言症と診断されている（Cairns et al. 1941）。閉じ込め症候群は、身体が麻痺していかなる運動も行なえないにもかかわらず、意識や認知は完全に機能している状態をいう。つまり身体機能が失われているにもかかわらず、患者は基本的な認知能力、気づき、睡眠覚醒周期、最小限ながら意味のある行動を維持しているのだ。

運動機能を失っている閉じ込め症候群患者の症例は、脳と身体の明確な分離を示唆するように思われる。身体機能は失われているのに、脳は機能しているからだ。そのような脳と身体の二元性は、意識のような心的機能にとって、脳とその神経活動がありさえすれば十分であることを示唆する。閉じ込め症候群の症例に鑑みて、意識は脳内に存在する、あるいは脳の何らかの神経活動と同一であると考えたくなるかもしれない。しかし、その見立ては正しくない。

重要なのは、閉じ込め症候群によって意識が失われるわけではない点だ。患者の感覚機能は依然として保たれており、よって自己を世界に時間的に合わせることができる。いくつかの研究が示すところでは、閉じ込め症候群患者は、とりわけ視床と皮質の結合と、感覚皮質における感覚処理を十分に維持している――だから意識が保たれているのだ（図3a左）。したがって彼らは、身体に閉じ込められていても、世界から締め出されているわけではない（図3b左）（この表現はフェデリコ・ジリオとの共著論文（Northoff & Zilio 2022a; 2022b）から拝借した）。

意識は「頭の内部」に存在するのではない。純粋に神経的なものではなく、神経－生態的なものである――つまり脳と世界の関係に基づいている。意識は、世界とその時間的な構造に対する脳の時間的な整合性を介して保たれる。私はそれを、力動的な「世界－脳」関係と呼ぶ。閉じ込め症候群の症例は、意識には力動的な「世界－脳」関係が中心的な役割を果たしていることを示唆する。世界に対する脳の力動的な関係が失われれば、意識は存在し得なくなるのだ。

つまり脳は、身体のみならず世界ともタンゴを踊っている。タンゴを踊っている最中、音楽とその波は踊り手の身体に入り込んでくる。世界と脳にも同じことが当てはまる。世界の波は脳の波に入り込み通り過ぎる——脳の波は、はるかに大きな世界の波の縮小版だと言えよう。脳の波が、世界の波から切り離されれば、意識も失われる。このように意識とは、世界の波に対する脳の波の結合の現れにすぎないのである。

昏睡状態と植物状態——感覚機能対運動機能

意識は、ほんとうに神経－生態的な「世界－脳」関係をともなう感覚機能を必要としているのか？　私はここまで、意識が「脳－世界」関係をともなう運動機能を必要としないことを示したにすぎない。そのことは、運動機能は損なわれているものの感覚機能は保っている閉じ込め症候群患者が意識を失っていないことによって裏づけられる。

逆のシナリオはどうか？　つまり感覚機能は損なわれているが、運動機能は無傷のままの場合だ。このシナリオによって、意識にとって感覚機能、ゆえに時間的な整合性が必要であることが

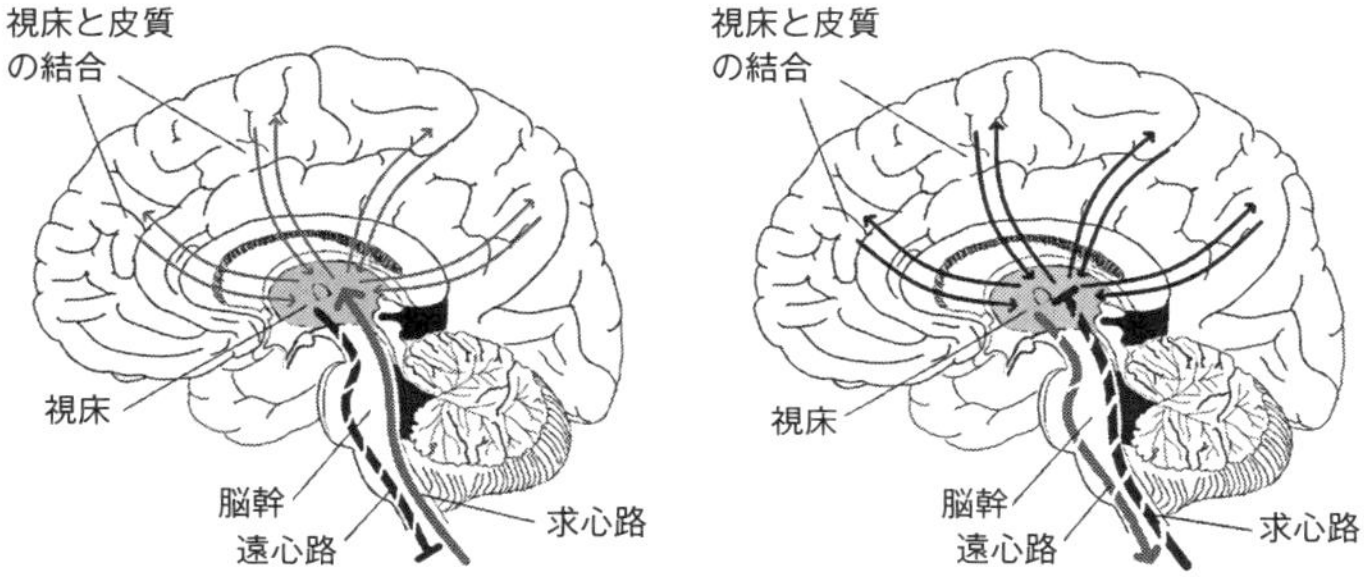

閉じ込め症候群（LIS）：
運動機能は喪失するが意識喪失はない

植物状態／無反応性覚醒（VS/URWS）：
感覚機能の喪失と意識消失

図3a　さまざまな病態における感覚・運動機能と意識
黒の矢印は損なわれた経路を、グレーの矢印は維持されている経路を示す。

意識喪失なし

意識喪失

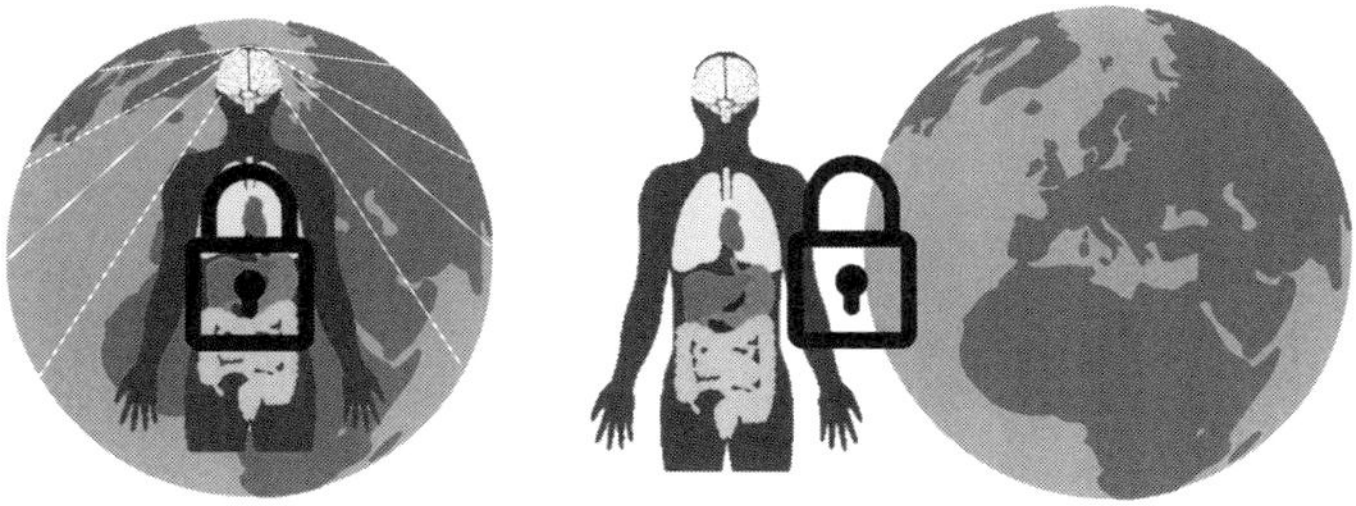

LIS：「身体に閉じ込められ」ているが、「世界から締め出されている」わけではない。

VS/URWS：「世界から閉め出される」のは、脳の世界に対する時間的な整合性が失われることに関連するが、「身体から閉め出される」ことはない。

図3b　身体、世界、意識
図3aおよびbは、意識への影響も含めた、脳における感覚と運動の変化のさまざまな配置を示している。運動経路が損なわれると、身体の中に閉じ込められるが、世界から締め出されることはない閉じ込め症候群（図3aおよびbの左）になる。一方、感覚経路が昏睡状態や植物状態において損なわれると、世界から閉め出された状態になる（図3aおよびbの右）。

示されている。そのような状況は、たとえば自動車事故などの事故によって脳に重度の外傷を負うなどして、昏睡状態や植物状態（ＶＳ）や無反応覚醒症候群（ＵＲＷＳ）に陥った患者に見られる（図3a右）。この場合、患者はいかなる意識の兆候も示さず、したがって環境との関係は断たれ、反射的で無意識的な、意図のない反応を示すにすぎない。そのような患者には、皮質との結合を含め視床に変化が見られる場合が多い。彼らの感覚機能は著しく損なわれているのに対し、運動機能は保たれている（Zilico & Northoff 2022a; Zilico & Northoff 2022b）。だが意識はまったく存在しない。

植物状態／無反応覚醒症候群（ＶＳ／ＵＲＷＳ）は、多かれ少なかれ閉じ込め症候群の症例の逆であるとも見なせる。ＶＳ／ＵＲＷＳでは感覚機能は損なわれるが運動機能は維持されるのに対し、閉じ込め症候群では運動機能は損なわれるが感覚機能は維持される。意識への影響は両者のあいだで完全に正反対ではないとしても著しく異なり、意識は閉じ込め症候群では維持されるが、ＶＳ／ＵＲＷＳでは損なわれる（図3b右）。

「世界から締め出される」対「身体に閉じ込められる」

以上のことから、意識を保つための条件に関して何がわかるのか？　感覚機能と、視床と皮質の結合は、意識の維持に必要なものである。なぜなら、植物状態や無反応覚醒症候群の症例が示すように、それらを喪失すると意識も失われるからだ。ひとたび脳の感覚機能が失われると、私たちは意識を失って、世界から締め出される。このように意識の維持には、感覚機能と、世界に対する脳の時間的な整合性が必要とされる。したがって意識は、頭の内部や世界の内部に存在するのではなく、「世界‐脳」関係に基づいているのである――意識は関係的かつ神経‐生態的なものなのだ。

感覚機能とは対照的に、運動機能は意識の維持に必要であるとは思われない。閉じ込め症候群の症例が示すように、私たちは、世界から締め出されずに身体に閉じ込められる場合がある。脳の身体との関係、つまり「脳‐身体」関係、そして究極的には動作や運動機能の前提をなす「脳‐世界」関係は、意識を維持するにあたっての必要条件ではない。さもなければ、閉じ込め症候群患者は意識を失うはずだ。私たちが身体に閉じ込められているときでも、脳は、感覚機能、ならびに視床と皮質の結合に基づく独自の時間的な力動性を介して、それ自体を世界に合わせることができる。したがって、身体に閉じ込められることは、世界から締め出されることを意味する意識の喪失をもたらすわけではない。

以上を総合すると、感覚機能に基づく「世界‐脳」関係と、運動機能に基づく「脳‐世界」関係は非対称的な関係にあることがわかる。感覚機能を喪失し、その結果「世界‐脳」関係が失われると、意識も失われる――世界から締め出される。それに対して、運動機能と「脳‐世界」関係を失っただけでは、患者は身体に閉じ込められても、世界から締め出されるわけではない。このように、意識は脳と世界の時間的な整合性に密接に結びついているのである。

結論

世界は時間であり、時間は世界である。世界は時間であるがゆえに、世界の一部をなす脳も時間と見なすことができる。意識は時間である。時間が存在しなければ、意識も存在しない。意識は時間を独自の内的時間として持つ。この意識の内的時間は、脳内時間に基づいている。そして脳内時間は、世界内時間に相関し統合されている——その内部に入れ子状に埋め込まれている。したがって意識は、世界と脳によって共有される内的時間に関するものなのである。つまり時間（と空間）が、世界、脳、意識の共通通貨を提供しているのだ（Northoff et al. 2020a, 2020b）。

私たちは意識において世界の一部としてそれに統合されており、だから世界と世界内時間のなかを逍遥できるのだ。意識を失えば、私たちは世界から締め出される。本章で見てきたように、その理由は、世界が世界内時間を構築するのと同じあり方で、脳それ自体が、スケールフリー構造をなす脳内時間を構築することができなくなるために、世界から締め出されてしまうからである。

意識とは、絶え間なく変化する世界の波に乗るために用いられるサーフボードにすぎない。時間、変化、持続という、互いに対立しているように見える特徴は、意識の内部で密接に結びついている。心のサーフィンの持続は、絶えず押し寄せて来る海洋の波、すなわち世界の波の連続的な変化に依拠している。海洋の波に長時間巧みに乗れたときにサーファーが高揚を経験するのと同じように、私たちは、世界の波に自己をうまく合わせられたとき高揚感を覚えるのだ。この高揚感は、精神刺激薬やその他の薬物を服用することで引き起こされる拡大した意識にみごとに示されている。

第３章

脳の時間と身体の時間のタンゴ

はじめに

脳は孤立した器官ではなく、身体と世界に緊密に織り込まれている。私たちは、身体の内部に情動を感じる。またたとえばタンゴを踊るときには、律動的に体を動かすことで、世界の音楽と同期する。時間は、脳と身体の関係や脳と世界の関係を仲介しているのか?

脳と同様、身体と世界は、それぞれ独自の内的時間を保っている。身体の内部には、心拍や呼吸の時間、あるいは胃の時間すら存在する。世界に関して考える場合には、ハワイを取り巻く太平洋を思い浮かべてみればよい。そこでは小さな弱い波が多数、また中規模の波がほどほどに生じているが、強大な波は少ない。サーファーは波乗りを楽しむために中規模の波を求めるが、大波は強大すぎてきわめて危険である。脳もサーファーと同じで、中規模の波に乗ることを好む。脳にとっても、強大な波は危険なのだ——脳もサーファー同様、大波に乗るための装備が整っていない。

サーファーは自分の身体を波の力動に合わせる。これは、時間的、空間的に適切なあり方で身体を導く脳の働きによって可能になる。だから私は、意識の主要なメカニズムの一つとして時間・空間的な整合性をあげる（Northoff & Huang 2017; Northoff & Zilio 2022a; Northoff & Zilio 2022b）。時間・空間的な整合性は、脳がそれ自体を、身体を介して環境に合わせることを可能にする。次に、そのような整合性の事例をいくつかあげ、それが意識の維持に果たしている重要な役割について検討しよう。

タンゴの時間――脳と身体

脳は、いかにして身体と整合性を保っているのか？　ここで、互いに相手の動作やそのリズムに合わせようとする二人のタンゴダンサーを思い浮かべてみよう。互いに同期するための最善の方法は、相手の動作を予測することである。ここに脳が関係してくる。脳は、脳内時間を介して身体の動きやリズムを操ることで、音楽のリズムにそれ自体を同期させ合わせる。このようにタンゴは、脳の内的なリズムとタンゴの外的なリズムが混ざり合ったものなのだ。次に非常に特殊なタンゴ、つまり心臓と脳のタンゴについて考えてみよう。

心臓と脳

機能的磁気共鳴画像法（ｆＭＲＩ）を用いたいくつかの研究によって、神経活動、すなわちさまざまな脳領域間の機能的な接続性（扁桃体や前帯状皮質から、脳幹、視床、被殻などの皮質下領域、あるいは背外側前頭前皮質への接続）の力動的な変化が、心拍の変化と直接的に相関することが見出されている。心拍が大きく変化すればするほど、それらの領域間の機能的な接続性もそれだけ大きく変化するのだ。ｆＭＲＩ研究の結果を合わせて考えると、脳の自発的な活動と心拍のあいだに密接な力動的関係、すなわち「神経‐心臓」結合が存在することがわかる。

レチンガーら（Lechinger et al. 2015）は、覚醒状態と睡眠状態における心拍と脳の自発的な活動の関係を調査した脳波計（ＥＥＧ）研究を報告している。前章で述べたように、脳の自発的な活動は連続的に変動する。それには速い変動と遅い変動があり、また活動が活発な時期と低調な時期がある。活発な時期（ピーク）と低調な時期（トラフ）は合わせて、位相と呼ばれる活動周期を構成する。この一周期の始まりは、新たな位相の開始を画す。脳の変動における位相の開始は、心拍の開始とタイミング的に一致するのだろうか？

一致するのであれば、脳は、脳波の位相の開始を心拍の開始に合わせて変化させていることになる——これは「位相シフト」、あるいは「位相ロック」と呼ばれる。レチンガーら（Lechinger

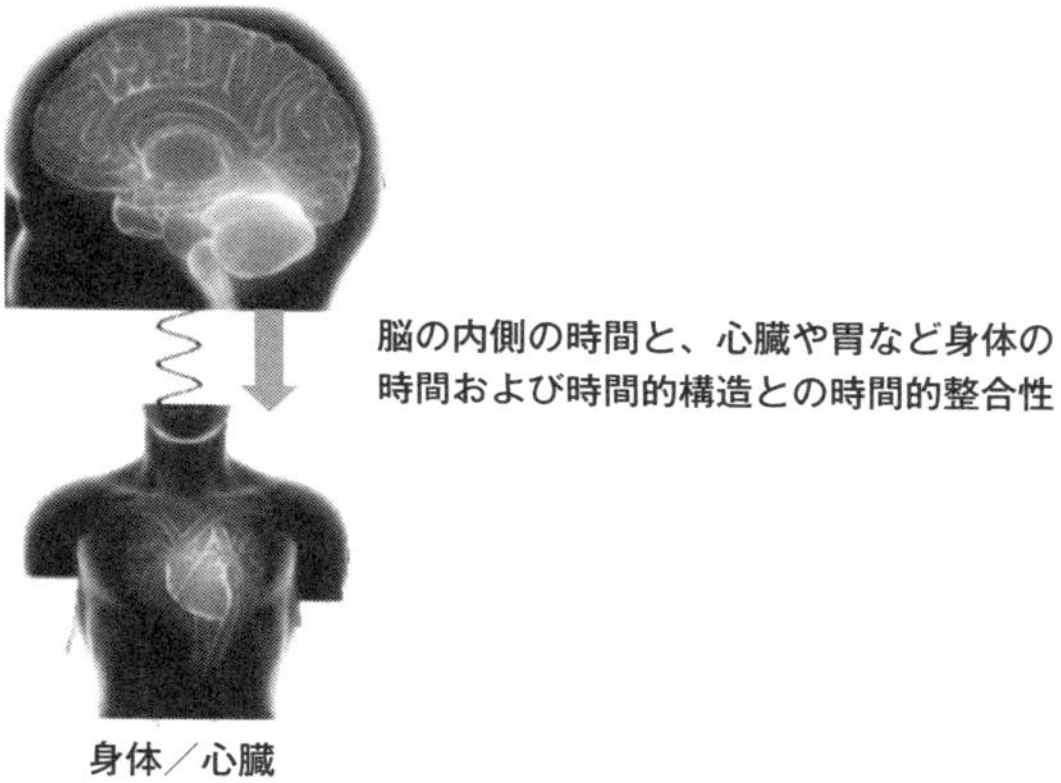

図4　脳時間と身体時間の時間的整合性
脳の神経活動が、心臓などのさまざまな器官における身体の活動上の変動をどのように追跡し、追従しているかを示している。このような追跡が時間的特徴、たとえば時間経過にともなう動的な変化に依存していることを考えると、脳の内部の時間と身体の変化、つまり身体の時間との時間的な整合を指定することができる。

et al. 2015）は、脳の自発的な活動における、とりわけデルタ／シータ波（二〜六ヘルツ）の位相の開始が、心拍の開始に固定《ロック》されることを見出している。非常に興味深いことに、デルタ／シータ波の心拍への位相ロックは、意識が次第に失われていくノンレム睡眠期（N1〜N3）に徐々に弱まっていく。それに対して夢を見、意識が保たれているレム睡眠期の位相ロックは、覚醒状態のそれに類似する。

　以上の結果は、脳と心臓がタンゴを踊るかのように相互作用することを示す（図4）。一方のタンゴダンサーが他方のダンサーに従うように、脳は、身体の心拍にそれ自体を合わせるのだ。またその逆も言え、脳は自律神経系を介して心臓をコントロールし、心拍を速めたり遅くしたりすることができる。このように、脳と心臓はタンゴを踊るかのごとく相互に調整し合い同期を取り合っている。私はそれを時間的な（そして究極的には時空間的な）整合性と呼んでいる。

胃と脳

脳と、心臓以外の内臓器官の時間的な整合性についてはどうか？　リヒターらは最近の研究（Richter et al. 2017）で、胃の動きを記録する特殊な装置を用いて測定された、胃の生成する超低周波リズム（〇・〇五ヘルツ周辺）と、脳磁計を用いて計測された、脳の自発的な活動によって生じるさまざまな脳波の関係を調査している。それによって、胃の超低周波（〇・〇五ヘルツ周辺）の位相が、脳の自発的な活動のアルファ波（一〇〜一一ヘルツ）の振幅とカップリングしていることがわかった。つまり、身体と脳のあいだには周波数間カップリング、つまり「〈胃－皮質〉の〈位相－振幅〉カップリング」が存在するのである。

神経学的な観点からすると、「〈胃－皮質〉の〈位相－振幅〉カップリング」は二つの脳領域、すなわち前島と後頭－頭頂皮質の神経活動に関連する。リヒターら（Richter et al. 2017）は、胃と脳のカップリングの方向性も測定している。そして移動エントロピーを測定することで、胃から脳へと、よって胃の超低周波の位相から前島や後頭皮質のアルファ波の振幅へと情報が転送されていることを発見した。それに対して、二つの脳領域の神経活動から胃への、逆方向の情報の転送は見られなかった。この結果は、脳がそれ自体のアルファ波の活動を胃の超低周波に合わせているのであって、その逆ではないことを示している。

以上の事例は、脳がそれ自体の内的な時間構造を心臓や胃の活動の時間的な構造に合わせていることを示す。そのような時間的調整は、たとえば脳の自発的な活動の位相の開始を能動的に変えることで可能になる――これは「引き込み《エントレインメント》」と呼ばれている（Lakatos et al. 2019）。したがって身体に対する脳の時間的調整は、脳の自発的な活動がそれ自体の時間的な構造を身体のそれに適合させる、受動的ではなく能動的なプロセスとして見なされねばならない。

身体と脳の共通通貨としての時間

脳と、それとは大きく異なる心臓や胃のような器官のあいだで、いかに情報の伝達が行なわれているのだろうか？　それには、共通通貨の共有が必要になる。たとえば中国語を話し、フランス語はまったく話せない中国人の友人がいたとしよう。それに対し、あなたは、フランス語は話せるが中国語はまったく話せない。

あなたと友人が情報を交換し合うにはどうすればよいのか？　二人が共通の言語を話せなければ、通訳なしには会話が成立しない。だからフランス語でも中国語でもない共通言語を共有する必要がある。フランス人のあなたはイギリスで暮らしたことこそないが、英語を学んだことならある。中国人の友人も故国の学校で英語を学んだことがあり、よって英語なら話せる。この場合、英語は二人の共有言語をなし、情報交換を可能にする共通通貨として機能する。

この状況は、脳と胃の関係にも当てはまる。脳は神経活動によって特徴づけられる——したがって脳の言語は「神経語」だと言えよう。それに対して胃は、食物を消化する酵素の分泌を調節するさまざまなホルモンによって特徴づけられる胃腸の一部をなす——よって「胃腸語」を話すと言える。脳の「神経語」にとっての「胃腸語」は、フランス語話者にとっての中国語のようなものだ。また胃の「胃腸語」にとっての「神経語」は、中国語話者にとってのフランス語のようなものである。互いの言語を理解することができないので、このままでは両者のあいだで情報交換を行なうことはできない。

心臓を考慮に入れると、状況はさらに複雑になる。心臓は、「神経語」でも「胃腸語」でもない「心血管系語」を話す。それら三つの言語は互いに異なり、脳と心臓と胃は、フランス語を話すあなたと中国語を話す友人が理解し合えないのと同様に、情報を伝達し合うことも理解し合うこともできない。だから脳と胃と心臓の共通通貨が必要とされるのだ。

ここで登場するのが、異なる言語同士を関係づけることを可能にする時間である。心臓と脳と胃の言語は、おのおのの時間的な特性に基づいて、互いに関連し合う。脳は、「胃腸語」を理解できなくても、胃の消化プロセスの時間的な特性――経時的な変化――を感知することならできる。脳は、身体器官の内的時間を的確に知れば知るほど、それだけ自己の神経活動をそれに合わせることができるのだ。これは心理面では、よりポジティブな情動、自分の身体との一体感、そして一般的にはよりよいメンタルヘルスとして顕現する。

脳－身体の時間から意識のコンテンツへ

意識――外的なコンテンツ

身体器官に対する脳の時間的な構造の整合性は、意識に関係するのか？　ここまでは、身体と脳が時間的な特性という共通通貨を共有していることを見たにすぎない。意識は、そのような身体と脳のカップリングによって形成されるのだろうか？　それに答えるためには、意識それ自体について検討する必要がある。

意識は、環境から到来する外的な内容《コンテンツ》と、自己から到来する内的なコンテンツという異なる種類のコンテンツによって特徴づけられる。内的なコンテンツも外的なコンテンツも、意識に結びつけることができる。フランスの神経科学者C・タロン＝ボードリーらの研究（Tallon-Baudry et al. 2018）が示すように、どちらにおいても、身体に対する脳の時間的な整合が中心的な役割を果たす。

　まず外的なコンテンツについて考えてみよう。パークら（Park et al. 2014）はある研究で、脳磁計を用いて視覚刺激の意識的な検知に対する心拍の影響を調査している。この研究で彼らは、閾値近辺の不快な視覚刺激を被験者に与えている。つまり刺激は、被験者によって意識的に知覚されるか、されないかの限界近くの強度で与えられたのだ。そして脳磁計と心電計につながれた被験者は、そのような閾値近辺の視覚刺激を与えられ、その刺激を知覚し検知することができたか否かを報告した。

　その結果得られたデータによれば、視覚刺激は四六パーセントの割合で検知されている。つまり、およそ半分の刺激が意識的に知覚されたことになる。パークら（Park et al. 2014）は、心拍とその変動と、被験者の検知の割合の直接的な関係を見出したわけではなかった。ゆえに心拍それ自体が、刺激の意識的な検知に直接的な影響を及ぼしたとは言えない。だがその状況は、脳内における心拍処理の神経相関、つまり脳磁計によって測定された心拍誘発電位を考慮に入れると変わった。心拍誘発電位の振幅は、刺激が検知されなかった場合より検知された場合のほうがかなり大きく、かくして意識による刺激の検知を予測したのだ。したがって脳による処理とは独立した心拍それ自体ではなく、脳による心拍の処理には、つまり、視覚刺激が意識に結びつけられる際には心拍誘発電位が中心的な役割を果たしていたのである。

心拍誘発電位と、意識による刺激の検知に対するその影響は、前帯状回脳梁膝周囲部／前頭前皮質腹内側部（ＰＡＣＣ／ＶＭＰＦＣ）のような前部大脳皮質正中線構造におもに見出される。これらの領域は、身体からの内受容入力を処理し、それと環境から到来した外受容入力を統合することで知られている。また、それらの領域における自発的な活動に心拍誘発電位関連の変動が見られる。視覚刺激検知課題において、刺激が意識的に検知された場合とされなかった場合の心拍誘発電位の差異は、自発的な活動による心拍誘発電位の変動に合致したのである。この結果は、心臓と脳の相互作用の基盤には、時間的な色合いの濃い、より効率的な力動性が存在することを示している。

以上のデータは、心拍が、心拍誘発電位によって測定される脳の自発的な活動の時空間的な構造に影響を及ぼし、それを調節することを示している。そしてまさにこの、心拍誘発電位関連の、脳の自発的な活動の調節が、意識を形成している、すなわち外的なコンテンツが意識に上るか否かを決定しているのである。よって、外的なコンテンツに関する意識を脳のみに限定することはできない。また身体のみに限定することもできない。そうではなく、身体に対する脳の時間的な整合が、意識と外的なコンテンツの結びつきにおいて中心的な役割を果たしているのである。

意識――内的なコンテンツ

自己や自伝的記憶などの純粋に内的なコンテンツについてはどうか？　私たちが外的なコンテンツを意識しない典型的な状況は、外界に注意を払っていないときである。そのようなときには、私たちは内的思考のコンテンツを追跡する。では、それはいったいどこからやって来るのか？　この問いはかなり微妙で、外界も身体も関係していないように思われる。内的コンテンツは、脳それ自体にその起源が求められねばならず、身体や世界とは独立した、脳の内的な消化物なのだ。だから身体は、内的コンテンツの意識には必要ないようにも思える。だが、タロン＝ボードリーらの別の研究が示すように、その見立ては誤っている。

彼女のグループ（Babo-Robelo et al. 2016）は、（「主格の私（I）」や「目的格の私（me）」によって語られる）自己のような内的コンテンツに関する意識、ならびにそれと（脳磁計で測定された）脳の自発的な活動の神経相関が、心拍に結びついているか否かを調査している。するとここでも、ＰＡＣＣ／ＶＭＰＦＣにおける心拍誘発電位の自発的な変動が、「主格の私（一人称視点を持つ主体で、自己の思考の行為主体として作用する）」、もしくは「目的格の私（自己に関する思考として作用する）」という形態での、自己に関する意識の変動を予測することがわかった。

以上の結果に基づいて、タロン＝ボードリーら（Tallon-Baudry et al. 2018）は、意識の顕著な特性である一人称視点の確立に、身体が中心的な役割を果たしていると主張する。脳内における内的コンテンツと外的コンテンツの時間的な処理を身体の力動性に結びつけることで、それらのコンテンツは人格と一人称視点に結びつけられる。そしてこの結合を介して、内的コンテンツと外的コンテンツの両方が意識されるようになる。このように、内的、外的コンテンツに関する意識は、究極的には力動的な「脳‐身体」カップリングに基づいているのである。

意識——カントの誤り

意識における内的、外的コンテンツの神経的な基盤に関する問いは些細なものではなく、哲学者のあいだでは、その点をめぐって見解がわかれている。経験主義哲学者のデイヴィッド・ヒュームは、いかなるものであれ内的コンテンツの意識を認めていない。彼によれば、意識は環境から到来する外的コンテンツのみによって決定される。それに対して観念論哲学者のイマニュエル・カントは、意識が実際に内的コンテンツを持つと主張する（Northoff 2012a; Northoff 2012b）。

内的コンテンツと外的コンテンツの区別は、今日の神経科学にも見られる。外的コンテンツは脳の感覚領域に関連しているのに対し、内的コンテンツは前頭前皮質やデフォルト・モード・ネットワークなどの高次の脳領域に結びついている。そのことは、現在優勢な二重認識モデルに顕著に反映されている（Northoff et al. 2022）。二重認識モデルは、外的コンテンツを課題に関連する活動によって特徴づけられる低次の脳領域に、また内的コンテンツを安静状態におけるデフォルト・モード・ネットワークに結びつける。

しかしながら、出所が異なるにもかかわらず、内的コンテンツと外的コンテンツのあいだには共通点があり、どちらも意識に結びつけることができる（図5）。神経学的な観点からすれば、力動性によって特徴づけられる脳の自発的な活動は、内的コンテンツと外的コンテンツの両方に対してベースライン、すなわち参照基準を提供する。これは認知のベースラインモデルと言える (Northoff et al. 2022)。

ヒュームのように、意識による内的コンテンツの表現を否定すれば、意識の核心的な特性の一つ、つまり内的な知覚や思考のコンテンツを無視する結果になる。その一方で、カントが主張するような、両者の明確な区別も考えられない。意識のコンテンツはすべて、少なくとも部分的には脳の自発的な活動とその力動性に基づいているからだ。データに鑑みれば、いずれの見方も妥当ではない。

内的コンテンツと外的コンテンツが存在し、両者が別の脳領域で処理されることを示すデータは、カントの見方に整合する。また、意識は内的コンテンツと外的コンテンツの両方を表現するという彼の主張も正しい。とはいえ、データにはカントの見方以上の側面があると指摘しておくことは重要だ。彼は、内的意識と外的意識という二つの異なる意識の形態を想定している。しか

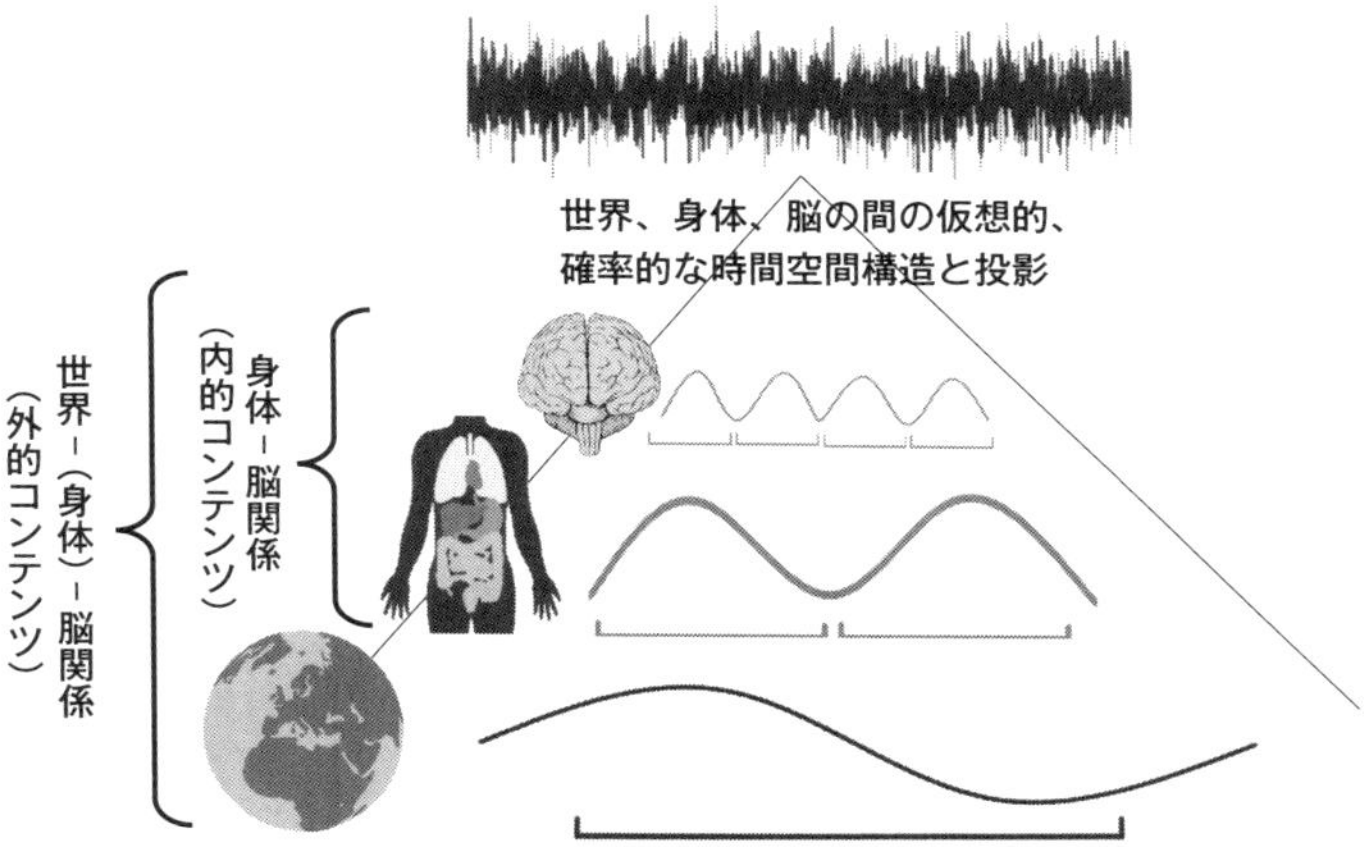

図5　「世界－脳」関係と「身体－脳」関係による時間的アライメント
世界、身体、脳がそれぞれのタイムスケールを通じてどのように結びついているかを示している。これらはすべて、時間の経過とともにそれぞれの活動において動的な変化を示している。そして、その動的な変化のパターンは、世界の長いものから身体や脳の短いものまで、異なるタイムスケールで動いているにもかかわらず、互いにリンクし、つながっている。これは、世界－身体と世界－脳の関係を構成するものであり、その本質は時間的なものである。

しデータに基づけば、これはあり得ない。内的コンテンツと外的コンテンツという二種類のコンテンツが存在するのは確かだとしても、意識に二つの形態があるわけではないからだ。いかなる形態の意識も、脳の自発的な活動とその力動性に基づいている。データによれば、脳と心臓を結びつけるメカニズムは、内的コンテンツと外的コンテンツの両方と意識の結合の基盤をなす。これは、身体、ましてや世界を考慮に入れずに、とりわけ内的な意識を心の範疇内に留めるカントの見方を超える。

要するに、カントは意識が内的

コンテンツと外的コンテンツの両方を表現することを見極められるほど独創的ではあったのだが、それら両者と意識の結びつきが、その出所の相違にもかかわらず、同一の根本的なメカニズムに依拠しうるとは考えなかったのである。思うに彼は、心、あるいは現代的に言えば脳に焦点を絞っていたためにその点に思い及ばなかったのだろう。だから脳を超えた何かを見落とし、脳が身体と世界の両方とタンゴを踊っているという点を考慮に入れることができなかったのだ。

意識は特別なものなのか?

意識――心身二元論

意識は、私たちの精神生活《メンタルライフ》の核心をなしている。私たちは眼前の本を経験する。つまり本は、私たちの主観的な経験に特定の質を供与する。カバーの色の赤さはその一つだ――トマス・ネーゲルのような哲学者はそれをクオリアと呼ぶ。ネーゲルは、コウモリがいかに世界を経験しているのかを知ろうとした。そして、それがどのようなものかを人間である私たちが知ることはできないと結論した。私たち人間は、自分たちの一人称視点からの類推でコウモリの一人称視点を知ることなどできないのだ。それゆえ原理的に、私たちは意識を説明することなどできず、よって意識は謎のまま残らざるを得ないと結論づける、コリン・マッギン(McGinn 1991)のような哲学者もいる。では、いかなる意識の科学的な探究も無益に終わらざるを得ないのか？

一六世紀に生きたルネ・デカルト（一五九五～一六五〇）のような哲学者は、意識を特別なものと考えた。当時は、科学、とりわけ物理学が発達し始めた頃だった。時間は、外側から客観的に、つまり三人称の視点から観察可能な、相互に区別される無数の点によって構成されるものとされた。身体はその方法で観察することができた。それとは対照的に、心やとりわけ意識は、そのような見方と相入れなかった。外側から客観的に観察することが、すなわち三人称の視点でとらえることができないからだ。意識は、本質的に主観的で、一人称の視点からのみ説明が可能な私たち自身の内部の経験なのである。したがって、身体と比べて特別なものでなければならない。かくしてデカルトは、世界には二つの異なる性質や実体、つまり物質的なものと心的なものがあるはずだと結論する。この見方は、心身二元論と呼ばれている。

現代に生きる私たちは、デカルトの心身二元論を否定する。脳に関する知見が増えたこともあって、意識が脳に関係することを知っているからだ。哲学者も神経科学者も、心のような特別な実体など存在しないと、声を揃えて主張する。心は脳であり、さらに言えば身体化（拡張）された心の研究アプローチが想定しているような脳と身体の相互作用なのだ。こうしてデカルトらによる心身二元論は、意識の神経相関をめぐる問いによって置き換えられる。意識の神経相関とは、意識を生み出すのに十分な脳の神経的な特質を意味する。しかし、意識の神経相関の探究はそれに対する盛大な熱狂にもかかわらず、何か根本的なものを見逃していると、私は主張したい。

意識は特殊である——「新しい瓶に入った古いワイン」

意識は現代においても特殊なものである。とはいえデカルトの時代とは異なり、意識の特殊性は、脳の外側に位置する心やその性質にあるのではなく、今や脳それ自体の内部にあると見なされている——意識は、脳内の特殊な領域やメカニズムに仲介されると考えられている。要するに、神経的な特殊性によって心の特殊性が置き換えられたということだ。

意識の神経的な特殊性は、意識を扱う大半の主要な神経科学理論の根拠をなしている。特殊な神経メカニズムとして、次のようなものが提起されている。情報の統合（意識の統合情報理論）（Tononi et al. 2016）、脳のグローバル・ワークスペース（グローバル・ワークスペース理論）（Dehaene et al. 2014; Dehaene et al. 2017; Dehaene & Changeux 2011）、フィードバックループを介した循環処理（Lamme 2018）、高次の処理（Lau & Rosemnthal 2011）、予測符号化（Friston 2010）などである（全体的な概要はMashour et al. 2020; Northoff & Lamme 2020; Seth & Bayne 2022を参照されたい）。

以上の理論は互いに相違点はあれども、意識に関して、他のあらゆる脳内の神経メカニズムとは区別される特殊な神経メカニズムの存在をたいていは暗黙的に前提している点で一致する。そのような前提を立てることで、現代の意識の神経科学理論は、デカルトに端を発する二元論の伝統を引き継いでいるのだ。つまりそれらの理論は、「新しい瓶に入った古いワイン」にすぎない。脳は心に取って代わることで、意識を入れる新しい瓶を提供しているのである。かくして意識は今でも特殊なものと見なされており、古いワイン以外の何物でもない。

意識は特殊ではない——「新しい瓶に入った新しいワイン」

神経的な特殊性を前提とする意識の理論を克服するにはどうすればよいのか？　そのためには特殊な性質を前提とするのではなく、脳、身体、そして世界が持つ、意識を仲介するもっとも基本的な特性を想定する必要があるだろう。ここで再び時間が登場する。多くの物理学者や哲学者によって、時間は世界の根底をなす基本的構成要素だと見なされている。ならば時間は、脳と、その世界との関係、つまり「世界‐脳」関係も形作っているはずだ。前章で見たように、「世界‐脳」関係の力動性は、意識が私たちを世界の内部に定位し埋め込む際に重要な役割を果たしている。このように意識は、脳、身体、世界の内部の時間（と空間）に依拠していると見なせる——これが、意識の時空間理論のおもな主張である（Northoff & Huang 2017; Northoff 2013; Northoff 2014b; Northoff 2016; Northoff 2018; Northoff & Zilio 2022a; Northoff & Zilio 2022b)。

意識の時空間理論は哲学と神経科学を統合した意識の理論であり、おもな主張の一つは「時

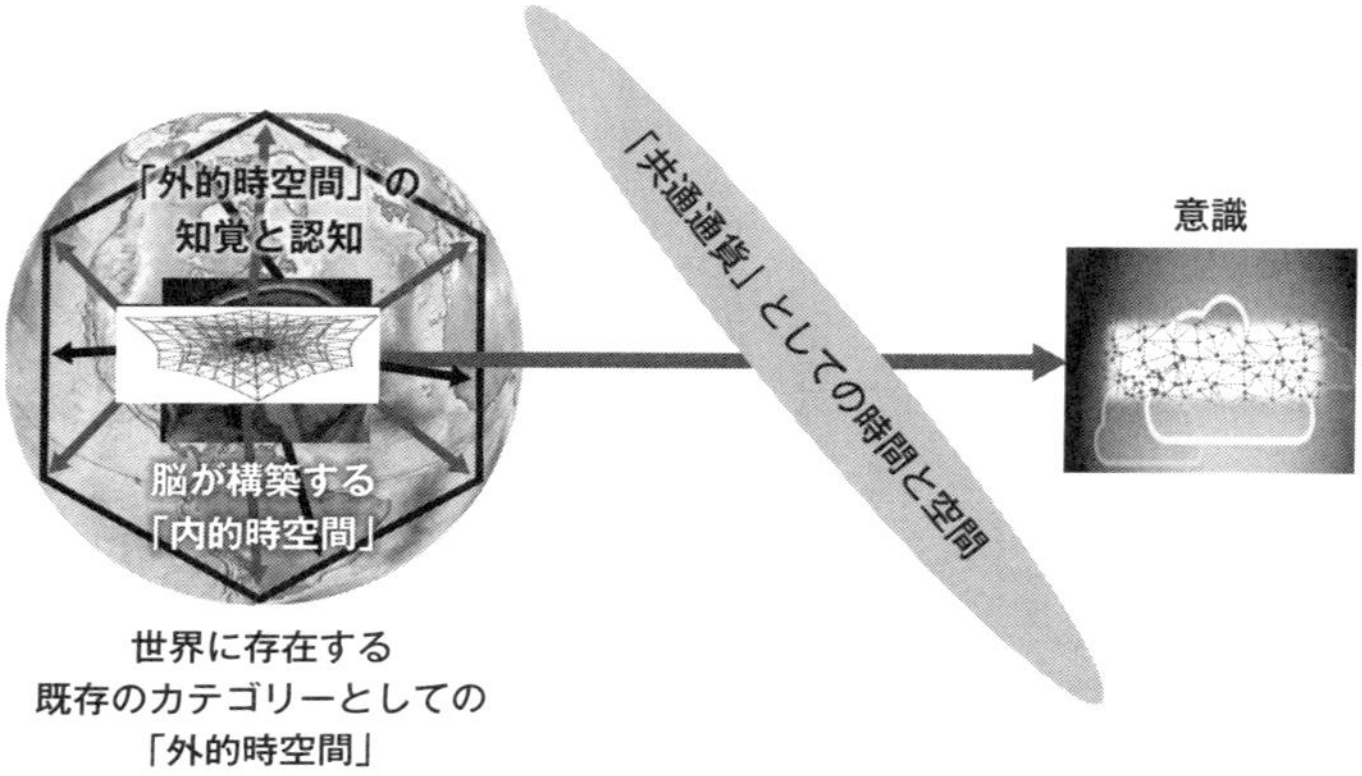

図6　世界、脳、意識の「共通通貨」としての時間と空間
脳の神経活動の内部における時間と空間と、私たちの時間と空間が時間性と空間性の経験に現れる意識の内部における時間と空間の両方において、いかに類似した構成を示すかを示している。したがって、時間と空間は脳と意識によって共有され、その「共通通貨」として機能していると言うことができる。

間（と空間）の構築は世界と脳と意識の共通通貨である」というものだ（図6）(Northoff et al. 2022a; Northoff et al. 2022b)。世界は世界内時間を構築するが、その一部は脳が脳内時間を構築する際に共有され、さらにそれは意識によって共有される。したがって意識は、本質的に時間的なもの、よって力動的なものとしてとらえられねばならない。世界は脳と意識の両方を同一の力動性によって特徴づけるので、意識が特殊であるとは言えない。このように、意識の非特殊性を核心的な前提とする意識の時空間理論は、他のあらゆる意識の理論と袂を分かつ（Northoff & Lamme 2020)。

意識の時空間理論は、意識の持続が、身体や世界との関係を含めた、脳の神経活動の連続的な変化に依存していると想定する。つまり脳の神経レベルの連続的な変化が、意識の持続を可能にしているのだ。変化と持続は、過去の哲学と現代の神経科学が仮定しているように相互排他的ではなく、意識の持続は脳の神経活動の連続的な変化に依存している。このように、神経活動と心の活動はともに、それらの力動性、すなわち時間的な連続性によって密接に結びつけられているのである。

要するに、意識は脳や世界の内部で生じる特殊な現象なのではない。世界のもっとも基本的な特性――時間――に依拠しているという非特殊性こそが、そもそも意識を可能にしているのだ。実証データは、まさにそのことを示している。したがって意識の時空間理論は、「新しい瓶」、すなわち意識に関する実証的で神経学的な枠組みを提供するだけでなく、それに「新しいワイン」、つまり脳と身体と世界の区別を超えた意識の時間的、力動的な基盤を注ぐ。

結論

身体とその時間は意識に関係するのか？　もちろん関係する。意識が生じるためには、脳の時間が、身体の時間を介して世界の時間に自らを合わせる必要がある。この統合は意識として顕現し、それによって私たちは、脳や身体に制約されずに、より広い世界の一部を経験できるのだ。

著名な神経科学者ジェラルド・エデルマン（一九二九〜二〇一四）の言葉を借りれば、「脳と身体と世界の行動的な三位一体」は意識の維持に中心的な役割を果たしている（Edelman et al. 2011, 4）。意識は身体化され、埋め込まれ、実演される。そして脳の境界を超えて身体や世界へと拡大する。

身体と脳の関係は、双方向性によって特徴づけられる。身体から脳への方向性、すなわち「身体−脳」関係においては、身体は脳の内受容機能に影響を与え、脳は、時間的整合と呼ばれるものによって力動的なあり方で、能動的にそれ自体を身体に合わせる。身体の波は脳の波を形作る——これは意識の鍵をなす。それと同時に、脳から身体への方向性、すなわち「脳−身体」関係においては、脳は身体に影響を及ぼして、脳独自の時間的な構造に従って身体を調節する。タンゴのたとえに戻ると、脳内時間は身体の内的時間とタンゴを踊るのである。それらは同期していることもあれば、していないこともあるが、脳内時間と身体の内的時間のタンゴは、内的なコンテンツであれ外的なコンテンツであれ、意識のコンテンツの形成にあたって重要な役割を果たす。

第 4 章

自己の時間とその持続

はじめに

自己——変化と持続

サーフボードを使って海洋の波に乗るサーファーとは、いったい何者なのか？　サーファーとは、自己がサーフボードの上に立ち、それをうまく操って、次から次へと押し寄せてくる波にうまく乗れる人のことである。本章では、この自己について検討する。

自己はつねに存在する。医療の介入を要する極端な状態（第5章参照）を除けば、私たちは決して自己の感覚を失わない。幼少期から自己の感覚を発達させ、基本的にそれが生涯続くのだ。注目すべきことに、自己の感覚は、身体や環境が変わっても一生を通じて保たれる。身体はおとなになるまで成長し続け、やがて年老いると古びてしわが増え、衰弱していく。また環境は生涯を通じて、大きな社会的、文化的、政治的な変化によって変わっていく。思考や情動も変化する。

以上のような身体、環境、心の変化にもかかわらず、私たちはつねに同一の自己を経験し感じている。たとえば、私の身体は老化し情動や認知は変化を遂げてきたにもかかわらず、また今では故国のドイツではなくカナダで暮らしているのに、私はこれまでつねにゲオルク・ノルトフという自己を自分自身に感じてきた。若い頃は左翼の共産主義者だったのにおとなになってから右翼のファシストに転向する人もいるが、彼らも自己は同一のままだ。つまりいかなる変化を経験しようが、私たちはつねに同一の自己として自分自身を経験している。私はそれを「自己に関する時間の逆説《パラドックス》」と呼ぶ。

自己に関する時間のパラドックス――同一性と差異性の共起

自己に関する時間のパラドックスとは、自己が同一性と差異性を両立させることに関するものである。自己はつねに異なり、それは絶え間のない身体や心の変化に現れる。それでも自己とその経験――自己の感覚――は、身体や心の変化にもかかわらず同一のまま保たれる。したがって、自己は同一性と差異性を同時に両立させているように思える。

ここで哲学者がしゃしゃり出てきて、純粋に論理的な観点からすれば同一性と差異性は両立不可能だとのたまうかもしれない。彼らにとって、差異性は同一性を、同一性は差異性を除外する。だから同一性と差異性を両立させることは、不可能なのである。しかし自己という点になると、まさにそのような両立が成り立っているように思える。たとえ論理的には不可能であったとしても、少なくとも私たちの経験に従えば、自己が存在しリアルなものであることに疑いを差し挟む余地はない。

では、自己が同一性と差異性のような相互排他的で両立し得ない二つの特性に基づきうるのはいかにしてか？　この問いに答えるためには、再び時間に立ち返る必要がある。差異性は、連続的に変化しつつ過去から現在を経て未来へと流れていく時間を前提とする。それに対して同一性は、変化も流れも存在しない時間の静止を前提とする。したがって自己を説明するためには、流れと静止を両立させる必要がある。この要請は持続の概念を導く。持続とは、内的で主観的な経験に関する時間、すなわち生きられた時間をいう。そしてそれには、同一性と差異性両方の経験、したがって持続と変化両方の経験が含まれる。持続はいかに構成されるのか？　この問いはさらに、脳内時間と、それがいかに自己の感覚を仲介しているのかに関する検討へと私たちを導く。

脳の内的な時間と自己

脳内における自己の空間構造——大脳皮質正中線構造と心的自己

脳と自己の時間的な特性について検討する前に、いかに自己が脳内に「位置」しているのかを

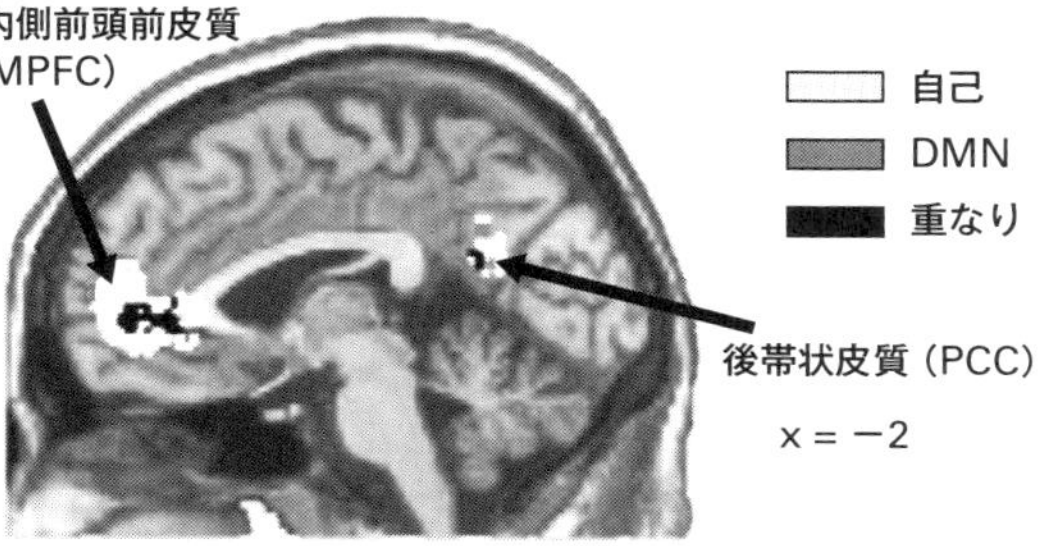

図7　デフォルト・モード・ネットワークの一部としての大脳皮質正中線構造における休息と自己の重なり
安静時の活動と自己関連刺激によって誘発される自己関連活動の神経的重なりを示している。メタ分析のデータ（Qin and Northoff 2011）によると、両活動は、特にデフォルト・モード・ネットワークの中核をなす皮質前部と後部の正中線構造で強く重なり合っている。

まず理解しておく必要がある。腹内側前頭前皮質（VMPFC）や後帯状皮質（PCC）のような大脳皮質正中線構造（CMS）や、その内外の他の脳領域は、自己に関連する処理の最中に、もっとも一貫して活性化される。VMPFCとPCC（また背内側前頭前野、膝上前帯状皮質、内側頭頂皮質などの他の大脳皮質正中線構造）は、自己に関連する処理の異なる側面におのおの関与しているが、たいていは合わせて動員され、それぞれの処理側面や処理段階において活性化される（図7）。

興味深いことにデータによれば、VMPFCとPCCにおいて、高度な安静状態と自己に関連する活動のあいだにはかなりの神経的な重なりが見られる。いくつかの研究によって、課題の遂行中、自己に特化した刺激はVMPFCとPCCの活動レベルに、安静状態の活動レベルよりも大きな変化を引き起こすわけではないことが見出されている。そのような「安静状態と自己の重なり」(Bai et al. 2015) は、VMPFCとPCCが、安静状態に置かれているときと、自己に関連する処理の実行中の両方で活動レベルが重なる領域であることを示したメタ分析によってさらなる確証が得られている (Qin & Northoff 2011)。

さらに一歩を進めて、安静状態の活動や刺激を受ける前の活動のレベルは自己意識の程度を予測するとも言える。つまり安静状態の活動 (Wolff et al. 2019; Huang et al. 2016; Kolvoort et al. 2020; Smith et al. 2022) も、刺激を受ける前の活動 (Bai et al. 2015) も、後続の刺激に対して割り当てられる心理的な特徴、すなわち自己特異性を帯びた自己に本人が気づいている程度を予測するのだ。このような安静状態による自己の予測性の発見は、安静状態それ自体が、現時点では未解明の何らかのあり方で自己に関する情報をコード化している、もしくは含んでいることを意味する。このように、「安静状態と自己の重なり」を想定することは、「安静状態による自己の包含」(Nortoff 2016)、あるいは「自己表現」(Sui & Humphreys 2016, 4) を想定することにもなる。

最後につけ加えておくと、キンらによる最近のメタ分析 (Qin et al. 2020) が示すところでは、VMPFCやPCCは心的な自己、つまり自己を自己として認識し経験することにおもに関与している。これは、側頭頭頂接合部や前運動皮質のような脳領域が関与している、自己の外部の身体的境界に関わる外受容‐固有受容的な自己とは区別される。自己の基底をなす層は、内的な身体経験をもたらす内受容的な自己から成り、その処理には島《とう》皮質、背側前帯状皮質、そして視床のような皮質下領域が関与している。

自己の三つの階層――心的階層、内受容的階層、外受容的階層――は、いかに関連し合っているのか？　キンら（Qin et al. 2020）によれば、内受容的な自己を司る低次の領域は外受容的な自己や心的な自己によっても動員されるのに対し、外受容的な自己を司る領域は心的な自己によってVMPFCやPCCとともに活性化される。この発見は、ロシアのマトリューショカ人形のごとく各層が入れ子構造をなす自己の三層組織、そして究極的には地勢図《トポグラフィー》をもたらす。マトリョーショカ人形では、通常もっとも大きな人形が人の目を惹く。それと同様に、もっとも動員されることの多い領域――心的な自己――が、自己の経験を支配するのである。したがって以下の記述では、心的な自己と、その処理に重要な役割を果たす脳領域であるVMPFCとPCCに焦点を絞り、議論を単純化し明確にするために、内受容的な自己と外受容的な自己は検討の対象からはずす。

脳内時間――大脳皮質正中線構造における強大な波

ここまでは、自己の空間的な側面のみに的を絞ってきた。では、時間的な側面については何が言えるのか？　それに関して着目すべきは、脳の自発的な活動における内的時間である。脳の自発的な活動が、時間的持続をともなう複雑な時間構造を構築し呈することについてはすでに述べた（第1、3章を参照されたい）。そのような時間的持続は、自己相関、周波数間カップリング、スケールフリー活動などの特性として顕現する（第1、3章を参照されたい）。本章では、それらの特性が自己の感覚に関連しているのか否かを検討する。

かつて私の研究グループにポスドク生として在籍していた中国人研究者のジルイ・ファンは、fMRIによって測定される脳の自発的な活動が、いかに自己の感覚に関連しているのかを調査した（Huang et al. 2016）。fMRIは、スケールフリー分布を示す、強力な超低周波帯域（〇・〇一ヘルツ～〇・一〇ヘルツ）の脳活動を測定することができる（遅い脳波のほうが速い脳波より強力である）。その際彼は、特に大脳皮質正中線構造の重要な領域である内側前頭前皮質（MPFC）とPCCにおける自発的な活動のべき乗指数を測定している。

その結果彼は、自発的な活動に関して、あらゆる脳領域のなかでもMPFCとPCCにべき乗指数の最高値を検出した。MPFCとPCCは他の脳領域と異なり、遅い脳波に関してはもっとも強いパワーを、速い脳波に関しては比較的弱いパワーを示したのである。これは海洋の波の発生にたとえられる。浜辺にすわって海を眺めれば、さまざまな速さと強さの波を目にするはずだ。速い波は頻繁にやって来るが、たいてい小さく、あまり強力ではない。遅い波は頻繁にはやって来ないが、通常大きく、非常に強力で、浜辺に達したときにはあなたの周りのものを運び去ってしまう。

脳内でもそれと似たような現象が見られる。ＭＰＦＣやＰＣＣのような大脳皮質正中線構造は、もっとも強力な波、すなわち遅いが強力で振幅の大きな脳波を示す――多数のより小さな波の背後で真の力を発揮する。それに対してＭＰＦＣとＰＣＣ以外の脳領域は、振幅の小さな弱く速い波を呈する。ＭＰＦＣとＰＣＣの内的時間は、それら領域の脳波が遅く強力であるため、他の脳構造の内的時間とは性質が異なり、持続期間がより長く、経過時間も長い。

自己の内的時間――強大な波

どうすれば自己を測定できるのか？　その一つとして、自己意識尺度のような心理尺度を用いて被験者の自己の感覚を評価する方法がある。自己意識尺度とは、被験者が私的な次元（「内省にふけることがよくあります」など）、公的な次元（「私は外向的です」など）、社会的な次元（「他者と交流することが好きです」など）に関して、該当する問いに答える質問票を指す。そして自己意識尺度のスコアと、その被験者を対象にｆＭＲＩで測定された脳の自発的な活動の記録を関連づけることができる。ファンが行なった手順もこれに該当する。

ファンは、自己意識尺度の心理スコアとＭＰＦＣとＰＣＣにおける自発的な活動の脳波のあいだに直接的な関係があることを見出した。とりわけべき乗指数によって測定されるスケールフ

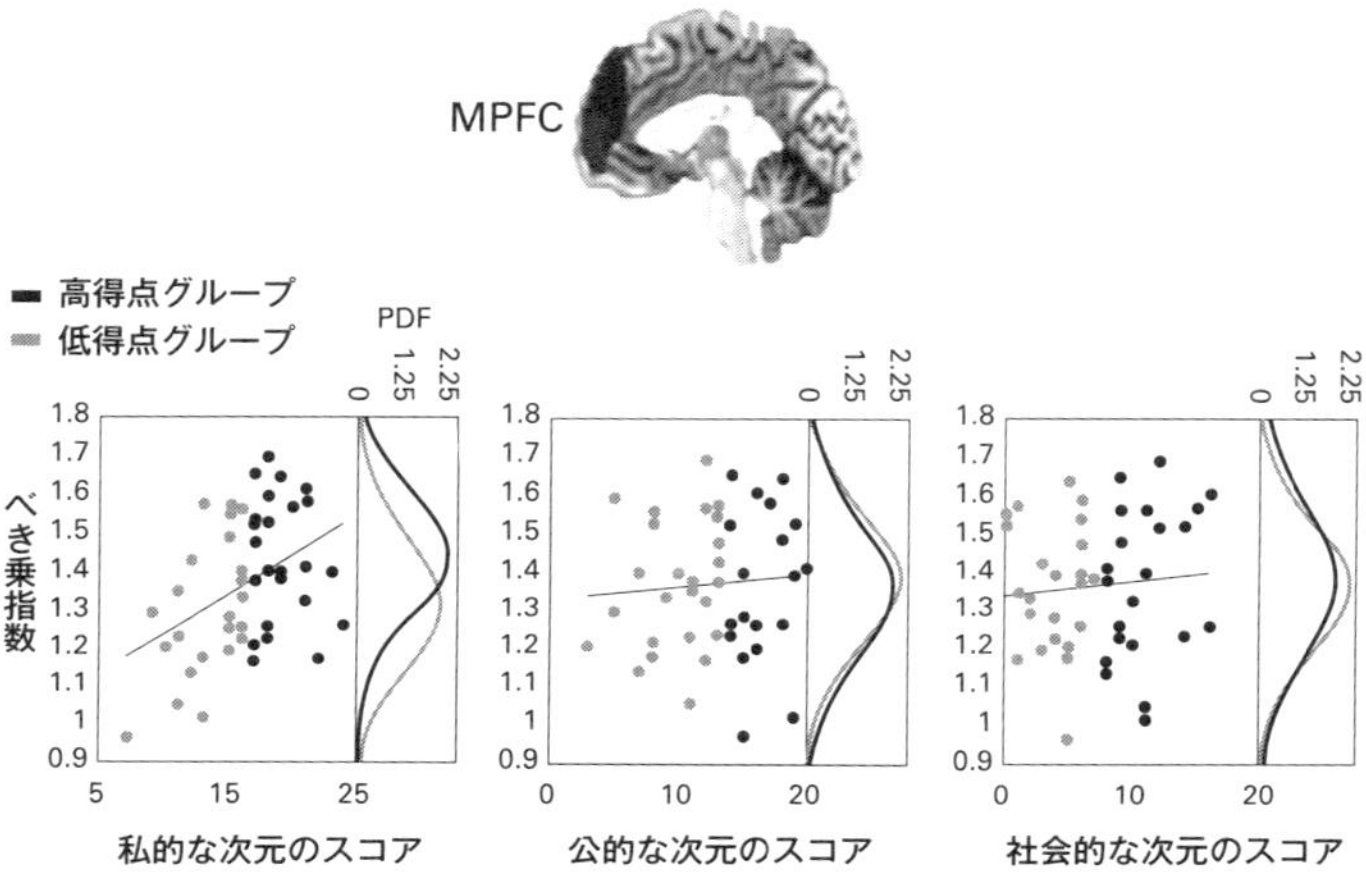

図8　べき乗指数（y軸）と自己意識尺度（x軸）の相関関係
スケールフリー活動を測定するべき乗則指数と、私的・公的・社会的の3次元からなる自己意識尺度によって測定された自己意識のレベルとのあいだの、内側前頭前皮質（MPFC）における相関を示している。各ドットは1人の被験者（グレーのドット＝自意識が低い被験者、黒のドット＝自意識が高い被験者）。

リー活動の度合いは、私的な自己意識の程度と直接的に相関した。ＭＰＦＣとＰＣＣにおける自発的な活動のべき乗指数が高ければ高いほど、それだけその被験者の私的な自己意識の程度も高かったのだ（図８）。

ｆＭＲＩは、一〇〇秒から一〇秒の持続期間にわたる〇・〇一ヘルツから〇・一〇ヘルツの周波数帯域の脳活動を測定することができるが、持続期間が短く速い周波数帯域の脳活動については、ＥＥＧで測定できる。ウルフら（Wolff et al. 2019）は、ＥＥＧにつながれた被験者に、ファンが使ったものと同じ自己意識尺度の質問票に答えさせ、ファンがｆＭＲＩによって見出したものと同じ関係を、EEGを用いて見出している。つまり、(速い脳波と比べて)遅い脳波のパワーが増せば増すほど、それだけ(私的な自己意識などの)自己の感覚が高まったのだ。以上の結果は、遅い脳波、速い脳波の両方を含む、あらゆる脳波で自己は働くものの、強力な遅い脳波のほうが、自己の感覚をよりはっきりと形作ることを示唆する。

内的時間から持続へ

脳の持続——遅い脳波の周期を介した内的時間の延長

以上の結果は何を意味するのか? 速い脳波と比べての遅い脳波のパワーの強さは、強い自己の感覚を生む。したがって自己に関する確固とした感覚は、遅く強力な脳波のエネルギー、つまりパワーによって形作られる。それには、より速く弱い脳波を構造化することも含まれる。では強力な脳波は、いかに自己の内的時間、すなわち自己の持続を生み出しているのか?

波とは時間的持続に関するものである。遅い脳波のパワーの強さは、その脳波がより強力であることのみならず、より長い周期を持ち、はるかに長期にわたって持続することをも意味する。たとえば、周波数〇・〇一ヘルツの波の一周期は一〇〇秒であるのに対し、〇・一〇ヘルツのそれは一〇秒にすぎない。自己は、より周期が長く、長い時間的持続をともなう、遅い脳波のパワーに関係している。したがって、自己とは時間的持続に関するものであり、時間的持続が延長されればされるほど、それだけ自己の感覚は強まると言える。

神経活動のレベルでの持続は、自己の感覚の強さに変換される——よって自己の感覚の強さは内的な持続の程度を示す。どうすれば、それを検証できるのだろうか？　自己の持続期間が長くなればなるほど、それだけより長期にわたって生じる、発生タイミングの異なるさまざまな刺激が統合されることが予想される。私の学生の一人でオランダ出身のアイヴァー・コルフォルトは、まさにこの検証を行なっている。

コルフォルトは、自己特異性を、非自己特異性より長い（遅延）期間にわたって外的な刺激に結びつけられるかどうかを調査し、まさにそうであることを見出した。さらに重要なことに、その程度はＭＰＦＣとＰＣＣにおける自発的な活動のべき乗指数の大きさに直接的に相関した。つまり、より長い周期をともなう遅い脳波のパワーが強ければ強いほど、それだけ自己特異性を維持できる遅延期間も長くなるのだ（Kolvoort et al. 2020）。この結果も、自己の感覚にとって、遅い脳波の位相周期の持続による脳内時間の延長が鍵になることを示唆する。

自己の持続——「自己と脳の共通通貨」

以上のデータは、自己が時間、とりわけ持続に関係するという想定の正しさを裏づける。より

白揚社

2024 Autumn

だより

vol.21

お買い上げ、まことにありがとうございます

秋の夜長にミステリ感覚で読むポピュラーサイエンス

今回の注目書

Remember 記憶の科学

しっかり覚えて上手に忘れるための18章

リサ・ジェノヴァ 著　小浜 杳 訳

2970円（税10％込）

試し読み▶

物忘れへの不安や悩みの解消へ——

記憶の仕組みと弱点を知るガイドブック

10年ほど前、かなり進行したアルツハイ

しかも、加齢とともに、脳に格納された記憶を取り出しにくくなるもの自然の現象だと、とても丁寧に説明してくれる。読み進めるたびに、私の不安は解消されていった。

書き換えられて変わってしまう思い出

しかし、別の不安も生まれた。本書によると、自分が体験したことの記憶＝エピソード記憶はかなりいい加減なものだという。過去の記憶は、思い返すたびに書き換えられ、それが上書きされてしまうためだ。実例を挙げると、米国では2019年9月の段階で、有罪判決を受けながらDNA鑑定によって無実であることが判明した

忘却の効用

「忘れること」で脳は何を得るのか

試し読み▶

従来、物忘れは脳のエラーと考えられていた。しかし、近年になって「忘れること」には認知機能を支える重要な役割があることが分かってきた。「過剰に記憶力がいい自閉症の症例から、忘却の役割について何がわかるか？」「記憶と忘却はパーソナリティにどんな影響をおよぼすのか？」様々な分野の知見をつなぎ合わせて、脳の機能としての〈忘却〉にまつわる驚きの発見を描く。

スコット・A・スモール
寺町朋子 訳
3080 円（税 10%込）

トラウマとレジリエンス

「乗り越えた人たち」は何をしたのか

試し読み▶

9・11 アメリカ同時多発テロによって、膨大な数の PTSD 患者が生じると考えられた。だが予想に反し、テロに遭遇したマンハッタンの住民の大半は、比較的早期に日常を取り戻していた。なぜ、彼らはすぐに立ち直れたのか？　9・11 の悲劇から「回復した人たち」に光を当てることで得た貴重な知見を基に、心の傷を乗り越えるための具体的な道筋を示したトラウマ治療の新たな決定版。

ジョージ・A・ボナー
高橋由紀子 訳
2860 円（税 10%込）

(@hakuyo_sha) で新刊・書評情報配信中！

この世からすべての「ムダ」が消えたなら
資源・食品・お金・時間まで浪費される世界を読み解く

試し読み▶

「レジ袋の有料化」「地産地消」「リサイクル」……。実は世界には良かれと思ってしたことがムダを生み、ムダだと思っていたことが価値を生むケースがたくさん。そんな「ムダ」の実態を知ることができたら、世界はどう見えるのか？　豊富な例を挙げながら、ムダをカロリー・金額・重量などに換算して徹底解説。今までにない視点で世界を読み解くユニークな一冊。

バイロン・リース＆スコット・ホフマン 著　梶山あゆみ 訳　2970円（税10%込）

菌類の隠れた王国
森・家・人体に広がるミクロのネットワーク

試し読み▶

カビ・キノコ・酵母・地衣類……ちっぽけで地味なのに、地球や文明を動かすほど強力な生き物！菌類の分類から、植物や昆虫との共生、農業や発酵など人類との関わり、病原体としての脅威、新素材や新食品開発などの菌類テクノロジーまで、あらゆるトピック総まくり。面白雑学満載で、すこぶる楽しく、ためになる、ありそうでなかった菌類の一般向け入門書。

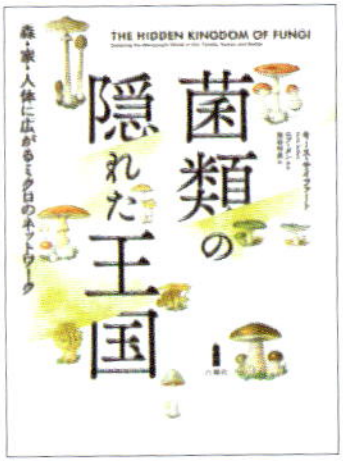

キース・サイファート 著
熊谷玲美 訳
2970円（税10%込）

新刊案内

note(https://note.mu/hakuyo_sha) または弊社 HP
https://www.hakuyo-sha.co.jp で試し読みいただけま

引き算思考

「減らす」「削る」「やめる」がブレイクスルーを起こす

試し読み▶

何かを変えようとするとき、私たちは「足すこと」ばかり考えがちで、「引くこと」を思いつかない。だが、現状を打破するときに役立つのは、じつは「引き算」なのだ。実生活やビジネス、人間関係や社会の問題を解決するのに、どのように「引き算」すればいいのか？　科学や経済、歴史など、多様な分野のエビデンスと豊富な実例をあげながら画期的な問題解決の方法を指南する。

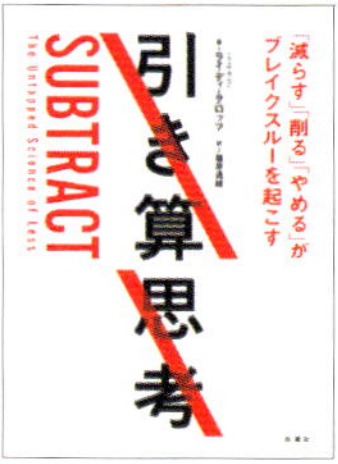

ライディ・クロッツ 著
塩原通緒 訳
2420 円（税 10%込）

経験バイアス

ときに経験は思考決定の敵となる

試し読み▶

経験はどんなときも素晴らしい教師である、というのは幻想にすぎない。実は、経験を積むことによって、物事がはっきり見えてくるどころか、バイアスに足を取られ事態をややこしくしてしまっているケースが多い。では、どうすればいいのか？買い物から、仕事、教育、選挙、人生まで、過去から正しく学び、よりよい意思決定を下す方法を行動科学者と認知科学者が解説する。

エムレ・ソイヤー＆ロビン
M・ホガース 著　今西康
訳　2420 円（税 10%込）

白揚社の本棚

マニアックになりがちな
白揚社の本たち
その読みどころを紹介

試し読み▶

ポール・ブルーム 著
高橋 洋 訳
2860円（税10%込）

「相手の気持ちになって考えなさい」。こうした共感を促す言葉を、幼少期に親や教師から聞かされて育った人は多いのではないでしょうか？　その根底にある考えは「共感＝善」というもの。しかし私たちは、ニュースで見聞きするアフリカの見知らぬ無数の子どもたちの死より、知り合いの一人娘の死に共感し、何かしてあげようという気になります。相手を知っているというだけで、たった一人の死がたくさんの人の死に勝ってしまうのです。このことから、共感という能力は著しく狭い範囲にしか働かないという「欠陥」があることが分かります。そのほかにも**『反共感論』**は、心理学・脳科学・哲学の角度から共感がもつ危険性について迫り、共感に反対するよう読者を説得します。「共感は世界を救う」という安易な考えがいかに危険かなことか。目から鱗の主張です。

〈表紙の一冊〉　イギリス花粉学者の科学捜査ファイル

パトリシア・ウィルトシャー 著　西田美緒子 訳　2640円（税10%込）

死体や衣服、車に残された花粉や菌類の胞子は、殺人の現場や殺害時刻、犯人の嘘について何を語るのか？　植物を犯罪捜査に活かす法生態学を切り拓いた学者が、科学捜査の奥深い世界を案内する。

試し読み◀

長い持続期間は、内的時間の延長と結びつき、延長が長引けば長引くほど、それだけ自己の感覚が高まるのだ。内的時間の延長としての持続は、脳内時間に媒介される。つまり脳内時間は、神経活動を介してより遅い脳波が呈する、より長い位相周期の持続のような独自の内的なタイムスケールによって延長されるのである。このように脳によって神経レベルで内的時間が構築され、それが自己という心理のレベル、すなわち時間的に長く持続する、より強い自己の感覚として顕現するのだ。

この見方を裏づけるさらなる証拠はあるのか？　内的時間の延長としての持続は、時間的な連続性をともなう。時間的な連続性は、ある時点における活動が、それに続く時点における活動にどの程度関係するかによって測定することができる。なおこれは、自己相関窓として定式化されている。私のグループに在籍するデイヴィッド・スミスは、自己相関窓によって測定された脳の時間的な連続性の長さが、自己に関係のない課題（八分間他者に関する話を聞くなど）を遂行しているときや安静時より、自己に関係する課題（八分間自分に関する話を聞くなど）を遂行しているときのほうがかなり長いことを見出している（Smith et al. 2022）。

以上の結果が示すところでは、脳は、自己が関与しているときにそのタイムスケールを延長するということがわかる。こうして見ると、自己は、より長い位相周期とタイムスケールをともなう、強力な遅い脳波を好むようだ——自己の内的時間は、脳がどの程度脳内時間を拡張できるか

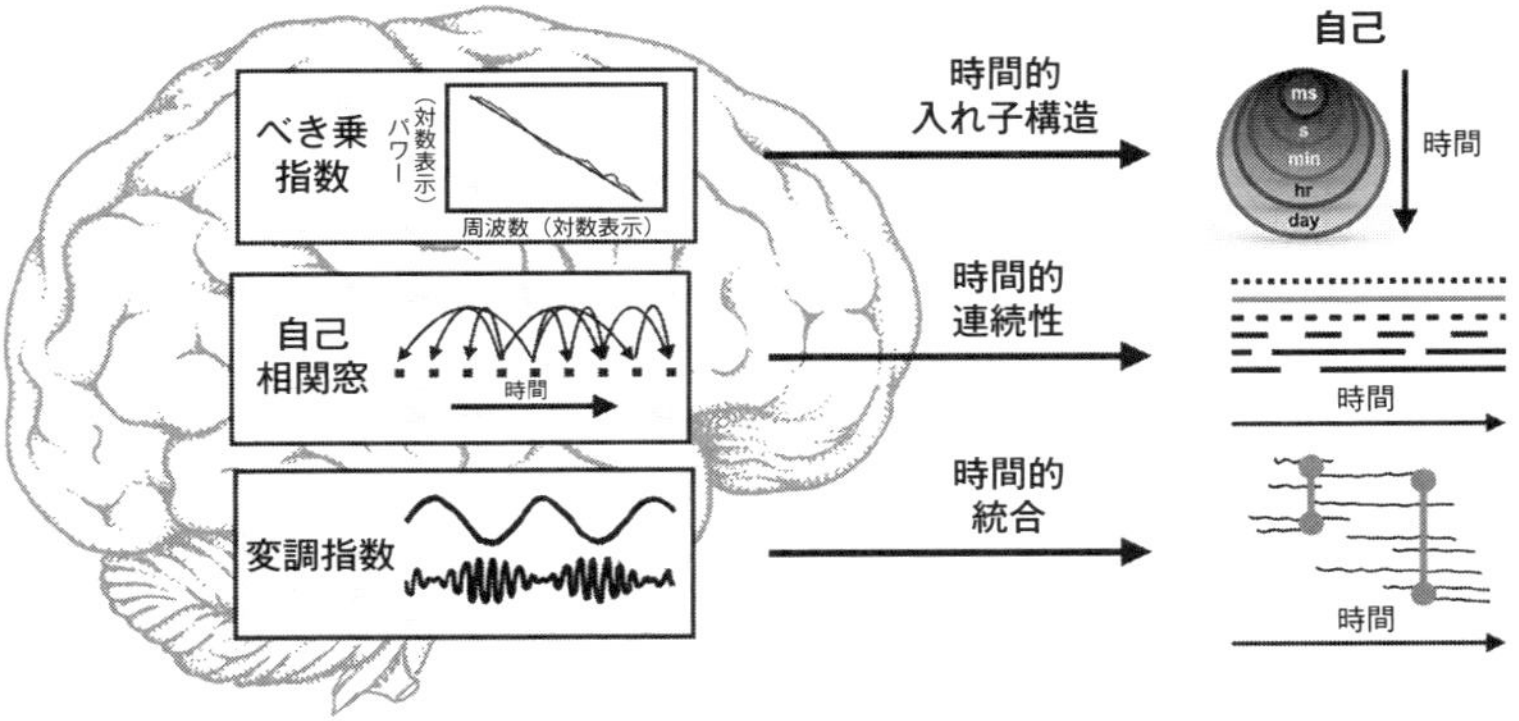

図9　べき乗指数（y軸）と自己意識尺度（x軸）の相関関係
左側の脳の時間的特徴の異なる測定値が、右側の心理的なレベルの多かれ少なかれ類似した時間的特徴とどのように関連しているかを示している。具体的には、べき乗指数で測定されるように、より速い周波数が、より強力な遅い周波数の中に入れ子になっている、あるいは埋め込まれているという時間的入れ子構造がある。自己相関窓で測定されるように、時間的連続性がある。また、変調指数で測定されるように、異なる周波数間の時間的統合がある。

に依拠している。かくして内的時間の拡張としての持続は、神経的なレベルと心理的なレベルの両方において顕現する――脳と自己は持続を共通通貨として共有している（Northoff et al. 2020a; Northoff et al. 2020b）。

人格的同一性の持続
――短いタイムスケールと長いタイムスケールにまたがるスケールフリー性

持続は、fMRIとEEGのタイムスケールを超えて延長する。哲学者は、たとえば自己には強力な通時的構成要素、つまり生涯を通じて保たれる人格的同一性《パーソナルアイデンティティー》がともなうと主張するだろう。人格的同一性のタイムスケールは、生涯にわたるおそらくは数十年の期間を意味するのに対し、fMRIによってべき乗指数で測定されるおよそ〇・〇一ヘルツの脳波のタイムスケールはおよそ一〇〇秒の期間を意味する。言うまでもなく、fMRIによる測定を人の一生にわたって継続的に行なうことは不可能である。

とはいえ、短いタイムスケールと長いタイムスケールは密接に関連し合っていると考えられる。また、変調指数で測定されるように異なる周波数間の時間的統合がある（図9）。というのも、スケールフリー的な性質にしたがって、より長くパワーの強いタイムスケールの内部に、より短くパワーに劣るタイムスケールが順次入れ子状に埋め込まれるという構造を取っているからである。言い換えると、fMRIで測定される各タイムスケールは、生涯にわたるはるかに長いタイムスケールに、程度の違いこそあれ自己類似しているのだ。スケールフリー性を考慮すれば、自己との関連を含め、fMRIで測定される、べき乗指数は、人の一生で構成されるはるかに長いタイムスケール、つまり人格的同一性のタイムスケールをある程度反映すると考えてもよいだろう。よって、脳の自発的な活動においてより強いべき乗指数を示す人は、より高い自己意識のみならず、より強い人格的同一性を示しているのだとも言えよう。

自己――非時間的か、時間的か？

哲学の論理的世界――自己は非時間的である

哲学の分野では、自己の本性に関してさまざまな議論がある。とりわけ哲学者は、自己の同一性や持続について言及し、そのために自己を特定の性質や実体として見ることが多い。たとえばルネ・デカルトは、実体や性質を持続するもの、よって非時間的なものと見なした。彼（や他の哲学者たち）は、自己のような何かが時間の経過にもかかわらず同一性や持続性を保つためには、この非時間的な性質が必要とされると考えた。そのような実体や性質に関して、物理的なものと心的なものを区別することができる。たとえば、身体は同一性を保ち持続するがゆえに、物理的な実体や性質と見なすことができる。心的なレベルでは、自己は持続するがゆえに、心的な実体や性質としてとらえることができる。したがって物理的な性質と心的な性質は、その違いにもかかわらず非時間性、すなわち変化することなく持続するという本性を共有しているのである。

心的な実体や性質を自己の基盤とすべき根拠があるのだろうか？　われわれが得たデータが示すところでは、自己は脳とその物理的な特性、すなわち時間と空間の力動性に関係する。したがって自己は、物理的ではあり得ても心的ではないのかもしれない――物理的な実体や性質としての身体とは区別される、心的な実体や性質でないことは確かである（Churchland 2002; Metzinger

2003も参照されたい)。だが、自己が物理的な実体や性質である可能性は残る。だから、自己の持続性や同一性は、物理的な実体や性質に由来する非時間的な本性に基づいていると想定したくなるのだろう。ゆえに純粋に論理的な哲学の世界のもとでは、自己は非時間的なものとされている。

神経科学の生物学的、自然的な世界——自己は時間的である

自己はほんとうに非時間的なのか? 実証的な証拠に基づけば、その答えは「ノー」である。データは、自己の感覚が脳内時間、すなわち遅い脳波の位相周期やタイムスケールに基づく延長の程度に密接に結びついていることを明らかに示している。そして脳内時間の持続は自己の内的時間の持続に転換される。したがって自己は、本質的に時間的なものであって、非時間的なものではない。この見方は、いかなる種類の物理的な性質も心的な性質も、自己の基盤をなすものとして想定することに異議を唱える。

ならば内的時間とその持続によって、時間を超越する自己の持続性や同一性をいかに説明できるのか? 哲学者たちは、非時間的な実体や性質によって、自己の持続性や同一性を説明できるとする誤った前提を立て、いかなる種類の時間的な変化や差異も、持続性や同一性に対立すると見なす。その見方は、純粋に論理的な観点からは正しかったとしても、実証的には支持し得ない。私の見るところでは、脳内時間は持続性/同一性と変化/差異の両方によって特徴づけられる。

長いタイムスケールを持つ遅い脳波の周期的持続が同一性や持続性に関係するのに対し、短いタイムスケールを持つ速い脳波は変化と差異に関係する。データに基づいてさらに言えば、遅い脳波と速い脳波のあいだには、前者が後者を構造化し組織化するという形態の密接な相互依存関係が存在する。

以上の実証データは、脳内時間の持続における変化／差異と持続性／同一性の共起、ならびに相互作用の存在を強く裏づける。重要な指摘をしておくと、そのような内的時間の持続、すなわち延長は、脳の神経活動と自己の感覚の両方において共通通貨として顕現する。私たちは、変化すると同時に持続するものとして、したがって異なると同時に同一のものとして自己を経験する。実証データが強く示唆するところでは、これは脳内時間が、その位相周期とタイムスケールを通じてどの程度延長するかによって跡づけることができる。したがって初期の哲学者に対する私の答えは、「純粋に論理的な世界のもとでは、持続性／同一性と変化／差異は両立しないが、脳や自己から成る生物学的な世界のような自然界のもとでは両立する」というものになる。

持続とは何か？　アンリ・ベルクソンと経過時間の概念

自己とは持続である。だが、「持続」とはいったい何を指しているのだろうか？　持続とは、二つのできごとのあいだの経過時間の量を表す。音楽で言えば、持続は一つの音、楽節、旋律《メロディー》、曲などの単位における開始から終了までの時間量を意味し、拍子によって規定される――リズムは持続の本質的な成分である。これは、持続には外的と内的という二つの視点があることを意味する。

私たちは外的な、すなわち三人称の視点から楽節やメロディーの開始や終了を知覚する。それに対して、できごとそれ自体の内的持続を知覚し観察することはない――それは、時計のような道具を使って間接的に測定することができるだけである。したがって外的時間におけるできごとの測定は、変化と、よって差異を説明するにすぎない――音や楽節の開始と終了が比べられるにすぎない。

それに対して時間を超越したできごとの同一性、つまり持続は、外的な視点からの客観的な測定によっては説明することができない。フランスの哲学者アンリ・ベルクソン（一八五九～一九四一）は、二〇世紀初頭に持続の重要性を指摘した（Bergson 1946）。持続とは、同じできごとを時計によって計測し外的に観察することで得られた時間とは独立した、できごとそれ自体の内的時間をいう。だがいかにすれば、できごとの持続について考えることができるのか？

ベルクソンの主張によれば、そのためには（外的ではなく）内的な観点、すなわちできごとそれ自体の内部からの視点を取る必要がある――そうすることで、彼が持続と呼ぶ経過時間それ自体を把握することが可能になる。彼は次のように述べる。

ここで、数学的な点へと収縮された無限に小さな断片について考えてみよう。それが実際に可能か否かはここでは問わない。そしてその点から徐々に線を引いていく。このとき、その線を線として見るのではなく、それを引く動作に注目しよう。次にこの動作を、止まることなく続くと仮定して、持続はするものの分割不可能であると考える。だから途中で動作をいったん止めた場合には、一つではなく二つの動作がなされ、そのおのおのが分割不可能なものになる。つまり分割不可能ではあり得ない動作それ自体ではなく、動作によって空間の痕跡のごときものとして引かれた動きのない線なのである。ここで動作を包摂する空間を無視し、動作それ自体、伸張や延長の行為、つまり純粋な運動性のみに着目してみよう。するとと持続の展開のより正確なイメージが得られるはずだ。(Bergson 1946, 164–5)

自己は持続によって構成される

ベルクソンに従えば、持続は同一性と差異性を結びつける。一つのできごとは、それが生じる期間を通じて最初から最後まで同一であり続ける――持続は同一性をともない、私たちはそれをそのようなものとして知覚する。それとともに、持続は、そのできごとの開始から終了までの経過時間を規定する――それは差異、つまりそのできごとの存在と非存在のあいだの差異をともな

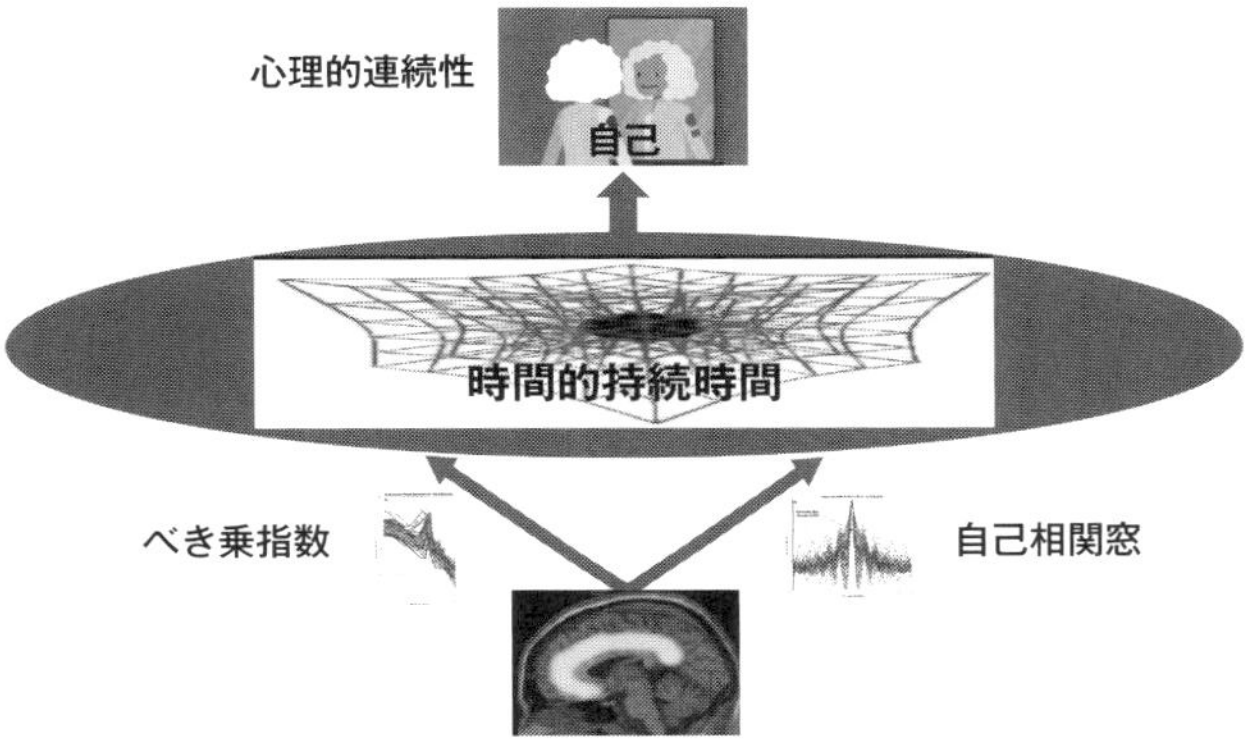

図10　脳の自発的活動と自己の「共通通貨」としての時間的持続時間
持続時間の時間的特徴が脳と自己の両方に共有されていることを示している。脳では、持続時間は神経活動の自己相関窓とべき乗則指数によって測定できる。一方、自己のレベルでは、持続時間は自己の心理的連続性に現れる。

い、それを私たちは変化と呼ぶ。このように経過時間の量としての持続は、経時的なできごとの同一性と差異を結びつけるだけでなく、時間内における変化と持続の共起を可能にするのである。

以上の説明は理論的かつ抽象的に響くかもしれないが、まさにそれが、自己が特徴づけられるあり方なのだ。自己は持続であり、経過時間である。そしてそれは内的時間の延長と見なしうる。またそれは、同一性と差異性を同時に結びつけ、私たちが生涯受け続けるあらゆる身体や環境や心の変化を通じて同一であり続ける。それらはすべて、遅い脳波が持つ位相周期の持続と長いタイムスケールによる脳内時間の拡張を介した私たち自身の内的時間の拡張によって可能になるのだ。

結論

自己とは何だろうか？　自己は、論理的に相互排他的で対立し合うはずの変化／差異と持続性／同一性を両立させるという時間のパラドックスをともなう。しかし自己の経験は、それとは異なるストーリーを紡ぐ。私たちは自己の連続的な変化や差異を経験しつつ、時間が経過しても持続し同一性を保つ。哲学者たちは、自己の持続性／同一性の基盤には持続的かつ非時間的な実体や性質が存在し、ゆえに自己は非時間的であると仮定してきた。だがその見方は、自己の変化／差異に関する問題を未解決のままにする。

実証データは、脳内時間における変化／差異と持続性／同一性の共起を強く示唆する。脳内時間は、とりわけ遅い脳波の位相周期と長いタイムスケールの持続を介して、さまざまな程度の延長を引き受ける。大脳皮質正中線構造で認められる、べき乗指数や自己相関窓は時間的持続を介して自己の連続性を反映している（図10）。そしてこの脳内時間の延長の程度は、自己の心理のレベルで顕現する。したがって自己は、本質的に時間的なものであって非時間的なものではない。時間的であることで、ベルクソンが経過時間と呼ぶ、脳内時間の延長の内部における変化／差異と持続性／同一性の両立という、見かけは逆説的な特性がもたらされるのだ。このように、内的時間の延長によって特徴づけられる持続は、自己に関する時間のパラドックスを解決する。

内的時間の延長としての持続によって特徴づけられる自己は、サーフボードに立つサーファーにたとえることができる。サーファー本人は変わらなくても、次々に押し寄せてくる波ごとにサーフボードに立つ位置を変えて、海に転落しないようにする。かくしてサーファーは、同一性と差異を結びつけるのである。さらに言えば、サーファーは波の一部をなし、波それ自体の内側からの、波の力動性に対する内的な視点を持つ。またそれと同時に、波の上に立って外的な視点を取ることもできる。そしてサーファーは、変化する波をものともせずにサーフボードに立ち続けることで、波の形態における変化と、持続を両立させる。

このように経過時間としての持続によってサーフィンが特徴づけられるのと同じあり方で、意識をサーフボードとして用いて世界の波に乗りサーフィンをする心のサーファーとして自己を記述することができる。サーフィンとは持続、すなわち一つの波の始まりと終わりをまたぐ経過時間に関するものである。同じことは、世界のさまざまな波に乗ってサーフィンをし続ける自己にも当てはまる。かくして私は、内的時間の延長の程度、言い換えると脳の波によって媒介されるさまざまな世界の波のあいだの、経過時間としての持続によって自己を特徴づける。

第 5 章

脳と心における時間の速さ

はじめに

時間の速さ－脳の速さ

ここまで私は、波、同期、変化、持続など、時間のさまざまな特性を取り上げてきた。時間の速さについてはどうだろう？　物体の速さ《スピード》は、位置の変化や動いた距離を記述する速度《ヴェロシティ》の大きさによって定義される。たとえば競馬では、他の馬より速く自分がいる位置を変える馬が勝つ。馬の速さは、その馬が走った距離をかかった時間間隔で割ることで測定できる――よって、最短の経過時間の間隔、つまり持続期間内に最長の距離を走った馬が勝つ（第4章参照）。

速さは通常、客観的な量だと考えられている。私たちは、馬や自動車や走者の速さを測定することができる。速さは通常、脳には結びつけられない。脳に速さがあるようには思えない。つまり位置を変え速度を示すことなどないように思える――だから移動距離を持続期間で割ることで得られた速さは、ゼロになる。そう考えないことは、ばかげているとまでは言わないとしても直観に反する。

しかし、そう考えないほうが正しい。脳の自発的な活動は、経過時間の間隔内での位置の変化や移動距離としてそれ自体の速さを構築し、さまざまな脳波を示す。遅い脳波にはパワーがあるのに対し、速い脳波にはさほどない。また遅い脳波の周期的持続は長く、速い脳波のそれは短い。そして長い周期的持続は緩慢に位置を変化させるため、短い周期的持続と比べて、一定の距離を移動するのにより多くの時間がかかる。このことから、遅い脳波や速い脳波が、その言い方が示すようにさまざまな速さによって特徴づけられる理由がわかる。

競馬からさまざまな脳波へ

脳が非常に遅い脳波から非常に速い脳波へとさまざまな速さの脳波を示す点に鑑みると、脳は、たった一つの速さではなく、いくつかの共起する速さによって特徴づけられることがわかる。それを競馬にたとえてみよう。競馬は、一頭で走るのではなく数頭が速さを競い合う。遅い馬は後れを取り、平均的な速さの馬は中団に位置し、速い馬は先頭に立ってレースのペースを決める。

しかし、このたとえはどこかがおかしい。確かに遅い脳波は、速さにおいて速い脳波に後れを取る。だが遅い脳波は、速い脳波よりはるかに強力である。それを競馬に当てはめると、次のようなものになる。遅い馬は速度が速い馬より劣るがゆえに、ゲートが開いた直後は後れを取るかもしれない。しかし遅い脳波にはパワーがある。それと同様に脚は遅くてもパワーがある馬は、脚は速くてもパワーのない馬にやがて追いつくはずだ。

繰り返すと、レースが始まった時点では、より速い馬が先頭に立つ。しかしやがて走行距離が伸びてくると、脚は遅いがパワーのある馬は、脚は速くてもパワーの劣る他の馬に次第に追いついていく。だから短距離レースでは、パワーがあって脚の速い馬が勝ちやすいが、逆に長距離レースでは、脚は遅くてもパワーのある馬が、やがて他の馬を抜いて先頭に立ち一着でゴールする可能性が高い。つまりどの馬が勝ちどの馬が負けるかは、馬自体の脚の遅さ速さ、外的な条件、距離に依存する。

同じことは脳にも当てはまる。持続期間が短い一瞬のあいだは、周期が短距離に適している速い脳波が先導する。しかし持続期間が長いと、周期が長く、長い距離のあいだに位置を変えられる遅い脳波が追いつく。このように、脳の神経活動における遅い脳波と速い脳波の共起は、競馬にたとえられる。つまりさまざまな速さの脳波が、競走馬のように競い合うのである。

神経の速さから心の速さへ

脳の速さが、なぜ心的機能に関係するのか？　意識や自己の感覚などの心的機能の形成に、脳による脳内時間の構築が中心的な役割を果たしていることはすでに述べた。同じことは時間の速さにも言える。脳の神経活動における脳内時間の速さは、意識における時間の速さに転換される――神経の速さは心の速さでもある。そして脳の速さは行動に転換される。

人によって心の速さは異なる。外的な反応の遅い人には、おおむね内的思考に沈潜する傾向がある。その典型は哲学者で、彼らは何かひとこと言ったり外界に働きかけたりする前に、まず沈思黙考する。哲学者とは対照的にサッカー選手は、むずかしいことは考えずに飛んできたボールに素早く反応して対処しなければならない。さもなければ蹴り損なうだろう。緩慢さは哲学者にはよいことでも、サッカー選手には致命的だ。逆に、素早さはサッカー選手には求められても、哲学者には災厄でしかない。

脳研究が示すところによれば、外来の刺激が処理される脳の感覚領域は、遅い脳波より速い脳波のパワーを顕著に示す神経活動によって、はるかに迅速に処理を行なう。それとは対照的に、内的思考に沈潜しあれやこれやと考えているときには、デフォルト・モード・ネットワークの一部をなす大脳皮質正中線領域が活性化する――それらの領域は、速い脳波より遅い脳波のパワーを顕著に示す。以上のことから、外界に向けられた脳の外向きの指向性が速い脳波に媒介されるのに対し、内的思考に向けられた内向きの脳の指向性は遅い脳波に関連することがわかる。端的に言えば、外向けは速く内向けは遅いということだ。うつや躁病のような気分障害はその極端なケースにあたる。

遅すぎるケースと速すぎるケース――うつと躁病

躁病とうつ――内的時間と外的時間の速さ

意識の重要な要素の一つは、ウィリアム・ジェイムズ（James 1890）が「意識の流れ」と呼んだ、時間の経験や時間の知覚である。時間の速さの知覚は、私たち自身を過去や未来に投影することに加え、意識の流れにおいて中心的な役割を果たしている。客観的にはゆっくりと展開しているできごとであっても、私たちはそのできごとに引きつけられ魅せられるとそれを速く感じることがある――私たちは、そのような経験をしたあとで「時の経つのは早い」と言うが、これは時間の速さの主観的な知覚が、できごとそれ自体の客観的で物理的な持続より速く過ぎ去る（そのできごとの知覚された持続期間が短縮する）ことを意味する。退屈しているときは、その逆の現象が起こる。つまり、主観的にはほとんど動かないものとして時間を知覚し、できごとの持続を実際より遅く、かつ長く感じるのだ。

時間の速さの知覚は、うつや躁病において互いに正反対のあり方できわめて異常な形態を取って顕現する。トマス・フックス（Fuchs 2013）のような精神科医は、内的時間の速さの知覚と外的なそれを区別している。前者は自己の速さが遅い、もしくは速いものとしていかに知覚されるかを、また後者は外界のできごとや物体の速さがいかに知覚されるかを決定する。うつや躁病のない人においては、両者はある程度バランスが保たれ、同期している。

それに対してうつ病者や躁病者は、内的時間の速さの知覚と外的時間のそれが同期していない。うつ病者の内的時間の速さの知覚は異常に遅い――「彼らにとっては何も変化せず」、「時間が静止している」という知覚に至る。また外的時間は異常に速いものとして知覚され、うつ病者は外界のできごとや物体を、たとえ客観的には遅くても異常に速く、かつ迅速に変化するものとして経験し、その結果外界からの要求に直面するとすぐにストレスを受ける。躁病者にはそれとは逆のパターンが認められ、彼らは内的時間と自己を極度に速いものとして、また外界のできごとや物体を過度に遅いものとして知覚する。つまり、うつ病者と同様に躁病者にも、逆の方向ではあれ、内的時間の知覚と外的時間の知覚のあいだに不調和が見られるのだ。

脳の時間の速さの測定方法――神経の変動性

脳の神経レベルにおける時間の速さは、心の速さに一致するのだろうか？　健常者を対象に行なわれた実験によって、内的時間の速さの知覚を要する課題において、補足運動野、中前頭回、上前頭回、下頭頂皮質、さらには視床、淡蒼球《たんそうきゅう》、被殻のような皮質下領域を含めた体性運動ネットワーク（SMN）の諸領域が関与していることが示されている。これらの脳領域は内的時間の速さの知覚に関与していると考えられるがゆえに、「神経タイミング回路」と呼ばれている。それに対して、視覚皮質や視覚ネットワーク（VN）のような一次感覚皮質は、外来の刺激が脳に到達する際の起点をなすので、外的時間の速さの知覚を媒介していると考えられる。

次のステップは、時間の速さの知覚において生じる神経活動を測定することである。時間の速さの知覚は変化に関するものであり、時間の速さは、変化がほとんどなければ（うつにおけるように）遅く、また変化が多ければ（躁病におけるように）速く知覚される。したがって、知覚レベルでの時間の速さを説明するためには、神経レベルでの変化を測定するべきだろう。その種の神経レベルでの変化の測定は、神経の変動性に基づく。神経の変動性の測定では、特定の時点から別の特定の時点のあいだにおける、信号の振幅の変化や変動の度合いが、標準偏差（SD）を用いて測定される。

それによって一つの仮説が導かれる。つまり、体性運動ネットワークにおけるSD値が高く、自発的な活動の振幅の変化が大きければ、神経の速さが増大し、それによって内的時間が主観的に速く感じられるはずだ。またそれとは逆に、体性運動ネットワークに神経的な変化があまり見られずSD値が低ければ、内的時間が遅く感じられるだろう。同じことは、外的時間の速さの知覚を媒介している視覚ネットワークにおけるSD値に関しても当てはまるだろう（図11）。

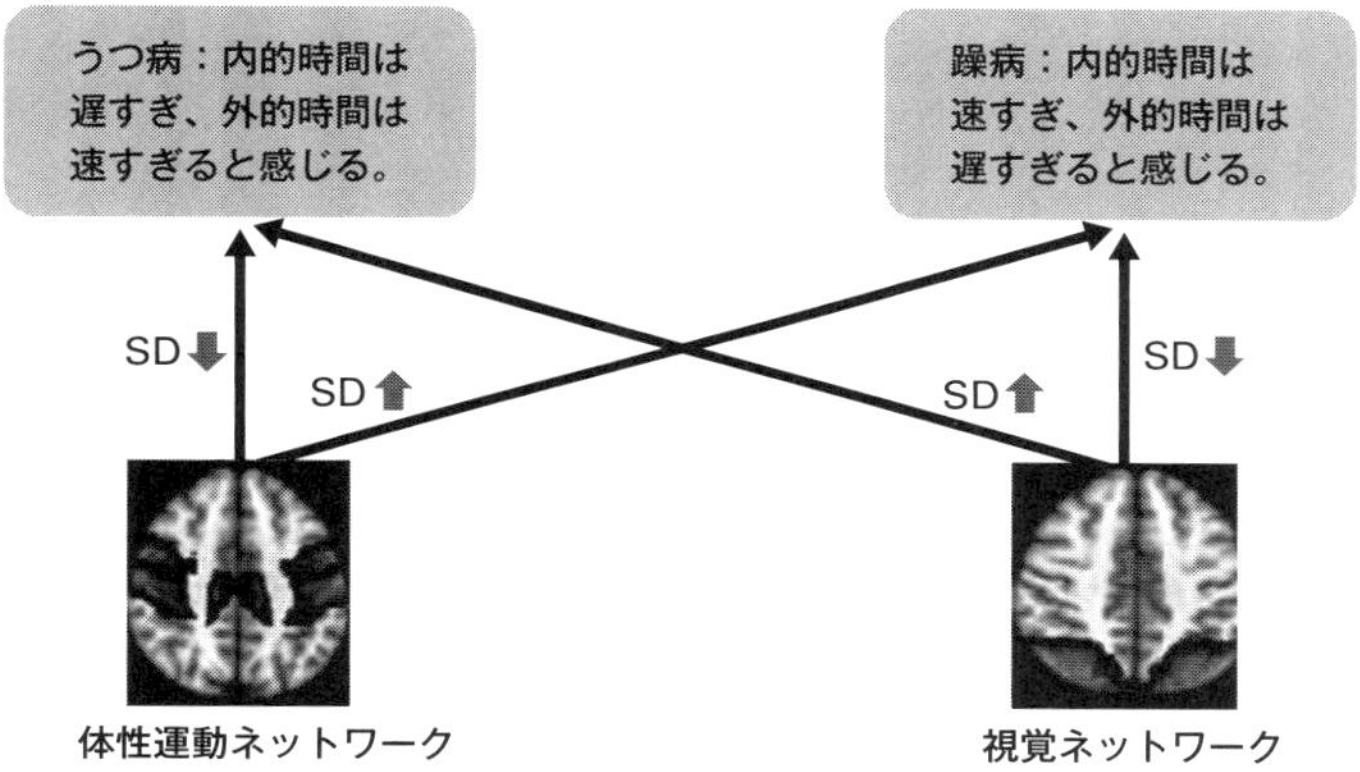

図11　うつ病と躁病における体性運動ネットワークと視覚ネットワークのニューロン変動（SD）に関する経験的知見
双極性障害における躁病エピソードとうつ病エピソードの脳と精神における正反対の関係を示している。標準偏差（SD）で測定される神経変動は、うつ病と躁病で体性運動ネットワークと視覚ネットワークに正反対の変化を示している。このことは、速すぎるか遅すぎると知覚される速度の時間知覚に対応する変化をもたらす。

うつと躁病における神経の変動性

うつと躁病に関して私と同僚が見出した結果は、この仮説の正しさを裏づける（Northoff et al. 2018）。うつ期にある双極性障害者は、予想どおり体性運動ネットワークにおけるＳＤ値の低下を示した。この結果は、彼らが知覚している内的時間の異常な遅さを説明する。それとともに視覚ネットワークのＳＤ値が異常に高く、これは彼らが知覚している外界の外的時間の異常な速さと合致する。よってうつ病者が経験している内的時間の遅さと外的時間の速さの不均衡は、体性運動ネットワークと視覚ネットワークにおけるＳ

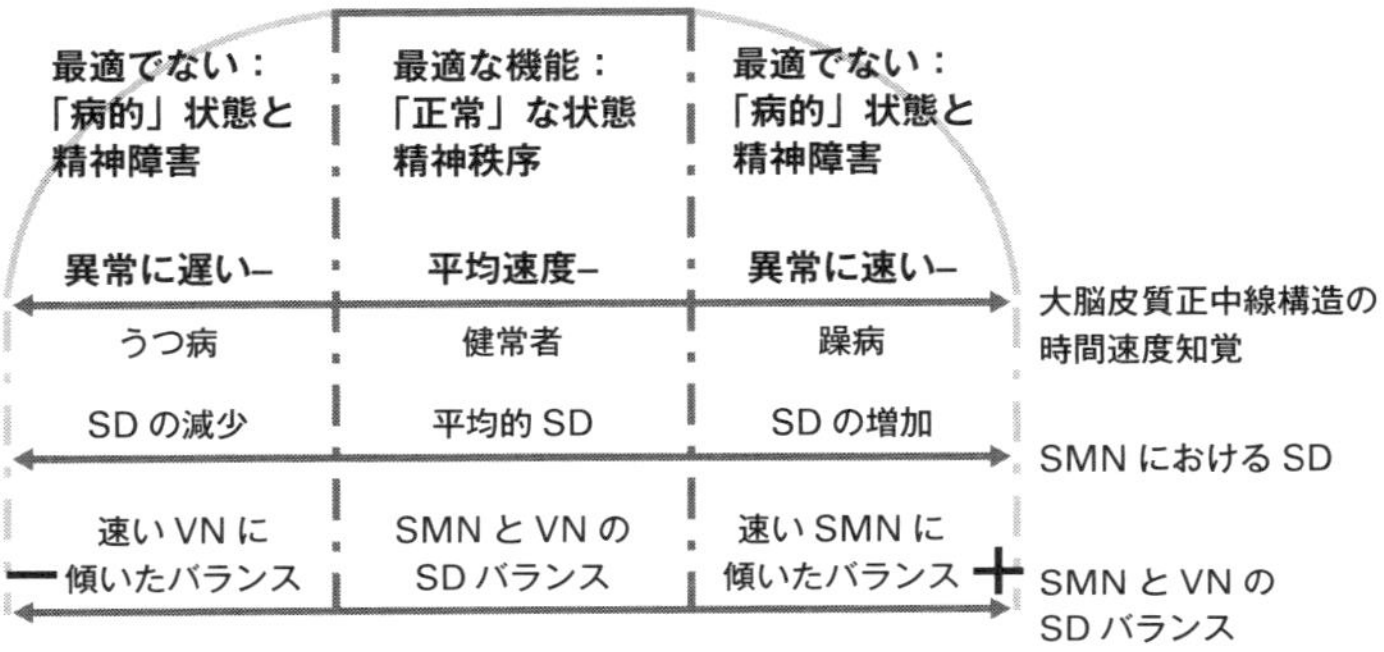

図12　体性運動ネットワーク（SMN）のニューロン変動性（SD）と、視覚ネットワーク（VN）のSDに関連する外的な時間速度知覚とのバランスを含む内的な時間速度知覚との間の逆U字関係
うつ病と躁病の所見の要約である。体性運動ネットワークと視覚ネットワークの間の神経運動性（SD）の平均的なバランスは、躁病とうつ病の両極端の間で最大の安定性をもたらす。したがって、平均は良く、極端は悪いのである。

D値の神経的な不均衡に関係していると考えられる。

躁病者は知覚レベル同様、神経レベルでもそれとは逆のパターンを示した。彼らが知覚している内的時間の異常な速さは、体性運動ネットワークにおけるSD値の異常な高さを反映する。それに対して視覚ネットワークにおけるSD値はかなり低く、これは彼らが知覚している外的時間の極度の遅さを説明する(Northoff et al. 2018)。したがって躁病者は、逆の方向ではあれ、うつ病者と同様に神経レベルと知覚レベルの両方で不均衡を示していると言える（図12）。

またわれわれは、精神病理的な症状と、体性運動ネットワーク（SMN）、視覚ネットワーク（VN）におけるSD値やSMN－V

NのSD値のバランスの相関を調査し、それによって、精神病理的な症状はSMN－VNのSD値のバランスと強く相関するが、各ネットワーク単体でのSD値とは相関しないことを発見した。この結果は、個々のネットワークのSD値それ自体より、二つのネットワークのSD値のバランスが重要であることを強く示唆する。このように、内的時間と外的時間の速さの知覚における同期の乱れは、対応する体性運動ネットワークと視覚ネットワークのSD値の不均衡にその起源を求めることができる。よってSMN－VNの不均衡が、内的時間と外的時間の速さの知覚における同期の乱れの背後にある神経メカニズムだと見なせる。

要するに、体性運動ネットワークと視覚ネットワークにおける極度に低い、あるいは高い神経活動という神経の変動性が、心的レベルにおける内的時間や外的時間の速さの異常な知覚を引き起こしているのだ。それはうつでは極端な遅さとして、また躁病では極端な速さとして顕現する。それとは対照的に体性運動ネットワークと視覚ネットワークにおけるSD値が平均的である場合には、多かれ少なかれバランスのとれた時間の速さの知覚が生じる――そしてそれは、うつや躁病のない被験者に見られるような、内的時間と外的時間の速さの最適な同期を可能にしている。つまり、「平均はよいことで、極端は悪いことなのだ」(Northoff & Tumati 2019)。

自己と大脳皮質正中線構造

自己の感覚は、心的生活の中心を占めている。自己とは何を意味するのか？　心理学的な研究は、それに関して自己参照効果をあげている。記憶、知覚、情動、意思決定などのさまざまな心理機能における自己に関連するコンテンツは、行動課題において高度な正確性と素早い反応を示す（Northoff 2016）。自己参照以外の自己に関連する認知機能には、自己経験、自己認識、自己反省、自己帰属、自己監視《モニタリング》などがある——本書では簡潔さを保つために、それらとおおよそ類似の意味で、自己の感覚、自己意識、自己焦点化という用語を用いる。

自己の感覚は、特定の脳領域の神経活動に関係している。被験者に特性語〔人の性格や人格を意味する語句〕（自分対他者など）やその他の言葉（自伝的なできごと対他者が経験したできごと、自分の名前対他者の名前など）について判断するよう求めると、それらの課題の遂行によって引き起こされた神経活動は、大脳皮質正中線構造を強く動員する（Northoff & Bermpohl 2004; Northoff et al. 2006）。とはいえ大脳皮質正中線構造は自己に特化しているのではなく、情動調節、マインドワンダリング〔現在ではなく過去や未来のことに思いを馳せること〕、社会的相互作用などの他の内的なプロセスにも関与している。

自己参照課題遂行中に大脳皮質正中線構造に引き起こされる神経活動は、デフォルト・モード・ネッワーク、とりわけ内側前頭前皮質（腹側と背側、すなわち前頭前野腹内側部［VMPFC］と前頭前野背内側部［DMPFC］の両方を含む）におけるデフォルト・モード・ネッワークの安静時活動と大きく重なる（Qin & Northoff 2011; Whitfield-Gabrieli et al. 2011）。この重なりは、自己と、脳の自発的な活動の収斂という意味で「安静状態と自己の重なり」と呼ばれる（Bai et al. 2015）。最近の研究が示すところによれば、（べき乗指数、自己相関窓、周波数間カップリングによって測定される）内側前頭前皮質（MPFC）の自発的な活動の時間的な構造は、自己意識の程度を予測する（Huang et al. 2016; Wolff et al. 2019）（第4章参照）。

うつ――自己の増大とその延引された持続

自己の感覚の異常な変化は、たとえば大うつ病性障害や双極性障害のうつ期に生じる。うつになると、自己の感覚が異常に増大し、それをめぐってあらゆる思考が展開する。そして悲嘆や罪悪感のような過度にネガティブな情動に結びつく。この状態は、うつ一般の精神病理的特徴の典型として「自己焦点化の高まり」、あるいは「内的焦点化の高まり」と呼ばれる（Northoff & Sibille 2014）。それに対して、「環境焦点化」は著しく減退する（Northoff & Sibille 2014）。したがって、ここには自己焦点化の高まりと環境焦点化の減退という不均衡が認められる。

うつになると、安静状態でも、自己参照が求められる課題の遂行中でも、大脳皮質正中線構造の活動が異常に増大することがさまざまな研究で示されている（Northoff 2016; Scalabrini et al. 2020）。神経活動は異常な変化を示し、ユニモーダル感覚領域を犠牲にして、すべての活動が大脳皮質正中線構造に焦点化し、大脳皮質正中線構造の活動が増大するのだ。タダでは何も手に入らない。だからある脳領域で活動が増大すれば、それを補うために他のいずれかの脳領域で活動が低下しなければならない。かくして大脳皮質正中線構造は、感覚領域を含む他の脳領域に影響を及ぼす非常に強力な磁石のごときものとして作用するのである。そのような理由で、私の元学生で現在はベルガモ大学で教授を務めているアンドレア・スカラブリーニは、自著論文に「すべての道はデフォルト・モード・ネットワークに通じる」というタイトルをつけたのだ（Scalabrini et al. 2020）。

デフォルト・モード・ネットワーク（ＤＭＮ）の一部をなす大脳皮質正中線構造（ＣＭＳ）が、うつになると他の脳領域の非常に強力な磁石として作用するのはいかにしてか？　極度に強力な遅い脳波――もっとも遅い脳波――によって可能になるというのが、その答えである。うつ病者の脳波は、非うつ病者の脳波より遅い。力動的な観点から見た場合、遅い脳波は強力だ。したがって、うつ病者におけるＣＭＳ／ＤＭＮの遅さの増大は、他の脳領域に対して非常に強力なパワーを行使する。

この異常に強いパワーは、心的なレベルでも表面化する。大脳皮質正中線構造に媒介された自己も、うつになると異常に強いパワー、つまり自己焦点化の高まりを示し、その異常に長い持続期間によって他のあらゆる脳の機能が阻害される。ここにも、神経レベルにおける時間的な特性が心的レベルに転換されるもう一つの例を見出すことができる。すなわち、うつにおけるCMS／DMNの遅さとパワーの強さは、自己焦点化の高まりと延引された持続期間という形態で心的レベルにおいて再表面化するのである。

結論

時間にはさまざまな要素があるが、そのなかでももっとも顕著なものの一つは速さである。しかし、速さは単なる速さではない。速さにはさまざまな側面がある。その一つに速度がある。脳は、たとえば神経活動における振幅の変動性によって速度を構築する。この神経活動における振幅の変動が生じなければ、速度と、それゆえ時間は遅くなる――すると私たちは、時間の経過を極端に遅いものとして経験し、何も動いていないように感じる。そうなるとその人は、うつになり、すべてがひどく遅く感じられ、ひいては何もできなくなる。したがってうつは、ゲートが開いても加速することができずスタート直後から他の馬に後れをとる競争馬や、そもそもゲートから飛び出せない競走馬にたとえることができる。

時間の速さのもう一つの要素に持続がある。持続は経過時間を規定する。経過時間が異常に長い様態で構築されると、それに続く速さは、ひどく延引した時間的な間隔をカバーしなければならないために異常に遅くなる。うつ病者の自己は、まさにそのような状態にある。うつになると、脳は過度に長い持続を構築する——経過時間から成る神経的な瞬間が、とにかく極端に長くなる。その結果、自己に対する気づきが異常に増大するのだ——自己焦点化が高まり、それをめぐって思考や情動が展開するようになる。

以上のことから、時間の速さそれ自体は均質でないことがわかる。それには速度や持続などのさまざまな要素が含まれる。それらの要素のおのおのは、脳の異なる特性や尺度によって媒介されているように思われる——持続の変化は、内的時間の速さの意識にさまざまな変化をもたらす。もっとも重要なこととして、脳内時間の速さに起因するさまざまな特性の構築における変化は、うつや躁病のような、内的時間の速さの知覚の変化をもたらすことを見てきた。さらに悪いことに、時間の速さに対する意識の変化は、その人の他者とのやり取りや、環境とのつながりに劇的な変化をもたらす。このように時間、より細かく言えば時間の速さは、脳と意識と世界のあいだの架け橋、あるいは共通通貨として見ることができる。次章では、それについて詳しく検討する。

第６章

人間の時間を超えて

はじめに

ここまでさまざまなことを見てきた。第1章では、脳は、世界の外的時間とは異なる脳内時間を構築することを示した。次に、脳内時間は、世界（第2章）と身体（第3章）の両方との関係に基づく意識の維持に中心的な役割を果たしていると論じた。意識以外の心の特性にも触れ、自己でさえ脳内時間、とりわけその長いタイムスケールと遅い脳波によって形作られることを示した（第4章）。最後に、うつや躁病のような気分障害においては、脳のタイムスケールが変化して、異常に遅く、もしくは速くなり、極度の悲嘆や幸福感が生じると述べた（第5章）。

このように脳内時間がいかに心の特性を形作っているかを検討してきたが、触れてこなかった大きな問いが一つある。それは「心はどこから、そしていかにしてやって来るのか？」という問いだ。何世紀にもわたり、哲学者や神経科学者たちは、心、あるいは身体や脳と心の関係――心身問題――について探究してきた。だが今日に至っても、私たちは決定的な解決の見込みが立たないまま、それについて議論し続けている。

本章の目標は、この見かけは解決不可能な難問に取り組むための新たな方法を提起することにある。そのために、人間以外の動物〔以下単に動物と訳す〕の時間について、ならびに自己の感覚のような心的機能を持つ人工エージェントを作り出すにあたって時間がいかに鍵になるかを検討する。そしてそれによって得られた一連の証拠に基づいて、タイムスケールが、心的機能の発達に重要な役割を果たす、世界と脳／主体のあいだの界面《インターフェース》をなしていることを見ていく。次に以上の一連の証拠に基づいて、心身問題に頭を悩ます必要などもはやないことを示す。つまり進化の生物学的な性質や原理がひとたび見出されたあとでは、神を基盤とするダーウィン以前の進化の見方が時代遅れなものと化したように、心身問題をめぐる議論は単に余分なものになるだろう。かくして私たちは、世界と脳の関係の時間的な性質と、それによっていかに心的機能が構成されるかに焦点を絞る「世界‐脳」問題で心身問題を置き換えることができる。

動物におけるタイムスケール

人間と動物——種間でのタイムスケールの共有

動物のタイムスケールについてはどうだろうか？　動物は人間と環境を共有している。さらに言えば、人間の周りで生きているネコやイヌなどの動物は、ペットであることが多い。人間を含めた動物は種間で、たいていは言葉の助けを借りずにコミュニケーションを頻繁に行なっている。ならば、種間における何らかのタイムスケールの共有が進化の過程で生じたのかという問いが生じる——そしてそれを裏づける実証的な証拠が存在する。

神経科学者の篠本ら（Shinomoto et al. 2009）は、ネコ、マウス、ラット、霊長類（サルなど）を含む動物、ならびに人間のさまざまな皮質領域における発火率、すなわちスパイクパターンを調査している。興味深いことに、彼はすべての動物で、運動皮質には規則的な発火パターン、視覚皮質にはよりランダムなパターン、そして前頭前皮質には爆発的なパターンを見出している。さらにこの結果は、発火パターンの違いが、一つの脳領域における種間の差異より、同一種内における領域間での差異のほうが大きいという事実によっても裏づけられている。つまり異なる動物が、類似の脳領域において発火パターンを共有しているのだ。どうやら、人間と動物によって共有される、種をまたぐ何らかのタイムスケールの保存メカニズムが存在するらしい。

そのような保存は、細胞レベルのみならず、脳全体にわたる、より統合的な脳領域レベルでも見られる。神経科学者のジェルジ・ブザーキ、および同僚のニコス・ログーテティスとウルフ・シンガー（Buzsáki et al. 2013）は、アルファ帯域（八〜一三ヘルツ）の紡錘波やリップル波のような、神経活動における種々の時間的な特性が、人間、人間以外の霊長類、イヌ、コウモリ、アレチネズミ、モルモット、ウサギ、マウス、ハムスターなどのさまざまな動物に備わっていることを示している。さらには、これらの動物はすべて、同一の周波数帯域でそのような律動的なパターンを呈している。彼らは次のように結論づける。「要するに、いくつかの規模のタイムスケールにわたって脳の作用を支配している時間的な恒常性の保存は、脳の構造的な側面――各ニューロンタイプの比率、モジュール状の成長、システムの大きさ、システム間の結合性、シナプス経路の長さ、軸索の直径――が組織に関する時間的な優先性に従っていることを示唆する」(Buzsáki et al. 2013, 755)。

人間と動物のタイムスケールの違い

人間と動物のあいだには、タイムスケールに関して類似性がある。とはいえ私たち人間は、サルと、ましてやマウスやラットと同じであるはずがない。では、その違いはどこにあるのか？動物間の差異は、おもに環境内を逍遥する能力に関係する。コウモリは超音波を知覚する能力を備え、よってそれにふさわしい環境で生きていける。それに対して人間は、超音波を処理するのに必要なタイムスケールを持たないため、コウモリのようには生きていけない。

環境は、数十年続く地震波のような極度に遅いものから、コウモリが知覚する、マイクロ秒しか続かない超音波のような極度に速いものに至るまで、豊かで非常に広範なタイムスケールを提供する（Nagel 1974）。より多くのタイムスケールを持てば持つほど、その生物は、それだけ適切に環境のタイムスケールに自らを合わせることができる。また生物は、何らかの仕組みを用いて、数が限られているタイムスケールの効果を高めることがある。たとえば、異なるタイムスケールを結びつけて、より長い、もしくはより短いタイムスケールを力動的に新たに生み出すことができる（Golesorkhi et al. 2021a）。人間の脳は、さまざまな脳領域やそれらが持つ独自のタイムスケールのあいだに広範な機能的結合を生むことができるため、人間が実際に持つタイムスケールの数以上に、それを力動的に拡張することに長けているように思われる。

生物はタイムスケールを介して環境と結びつく。タイムスケールの力動的な拡張をより広範に行なえれば、その生物はそれだけ適切に環境の持つぼう大な数のタイムスケールに自己を合わせ結びつけることができる。そして環境のタイムスケールにうまく自己を合わせられれば、それだけその環境内で誤りを犯しにくくなり、生存の可能性が高まる。種間で一定のタイムスケールが共有されているため、さまざまな生物が同一の環境、すなわち自然な生物界のもとで生存を共有している。しかし種間で共有されていないタイムスケールがあるために、各生物は、共有環境のもとでその生物独自の生態的ニッチを構築して生きている。最後にもう一点指摘しておくと、力動的に生み出されるタイムスケールの多さは、生存の可能性を高めるばかりでなく、より限定された数の動的なタイムスケールしか構築できない他の生物に対して優位を保たせることができる。

人工エージェントにおけるタイムスケール

人工エージェント——モジュール性と表象

人工エージェントにおけるタイムスケールについては、何が言えるのか？　人工エージェントにおけるタイムスケールの重要性を理解するために、その内部構造について簡単に説明し、脳の構造と比べてみよう。

人工エージェントの従来的なモデルは、モジュールという概念に依拠している。イギリスのトニー・プレスコットなどの代表的な人工エージェント提案者は、モジュラーモデルを提起している（Prescott & Camilleri 2019）。人工エージェントの内部構造は、さまざまなモジュールで構成され、動作、視覚、実行機能、他者の心の認識、記憶などに関するモジュールがおのおの一つずつ組み込まれている。エージェントの内部にさまざまなモジュールを組み込むことで、高機能の人工エージェントを構築できる。プレスコットらは、彼らが構築したモジュール構造の人工エージェントには、ヒューマノイドの自己が備わっているとさえ主張する。

その種のモジュール構造を取る人工エージェントは、いかに環境と関係するのか？　その点に関して、現代の未来志向の人工知能（ＡＩ）伝道師たちは伝統的な哲学モデルに立ち返る。過去の哲学者（や多くの現代の神経科学者）と同様、彼らは行為主体《エージェント》が外界を「表象する」と見なす。つまり行為主体は、その内的な活動において外界を捉え直すと考えている。言い換えると、二一階の窓からラップトップが落ちるなどといった外界で生じるできごとは、行為主体の内的な活動とそのパターンのもとで、おおよそ一対一の対応によって再構成されると考えているのだ。それが現在の神経科学を支配している脳の見方であり、一般に、脳はその内的な神経活動によって外界を表象すると考えられている。

表象とモジュール性は収斂する。外界のさまざまな構成要素は、そのおのおのが行為主体の内的組織の異なるモジュールによって表象されると考えられている。たとえば、行動は動作モジュールによって、他者の心はそれを認識するモジュールによって、視覚入力は視覚モジュールによって、過去から未来への時間の流れは記憶モジュールによって表象されるなどといった具合に。このように、モジュールごとに外界の異なる構成要素が表象されるのだ。

ＡＩ伝道師だけではない。現代の多くの神経科学者、心理学者、哲学者が、暗黙的、もしくは明示的に、モジュール性や表象という概念に基づく脳の見方を支持している。彼らにとって脳は、世界の表象に役立つ、さまざまなモジュールから構成されているのだ。このように、AIと神経科学のあいだには閉じた循環が存在するように思われる。

脳――ユニ - トランスモーダル勾配に沿ったさまざまなタイムスケールから構成されるトポグラフィー

しかし、ここまで本書で描いてきた脳の見方はそれとはかなり異なり、モジュール性ではなく脳全体の組織の重要性を示してきた。たとえば私は、意識の統合情報理論やグローバル・ニューロナル・ワークスペース理論のように、意識を前頭部や後頭部にある特定の脳領域に局在化させたりはせず（Northoff & Lamme 2020）、あらゆる脳領域を含む脳全体が意識に関与していると述べた。意識の時空間理論は、たった一つの脳領域を特定するのではなく、すべての脳領域間の関係や組織が意識にとって鍵をなすと想定する――脳領域が互いに入れ子構造をなせばなすほど、つまり時空間的な入れ子構造の度合いが高ければ高いほど、それだけ意識は維持されやすい。

この見方では、脳内に個別的なモジュールが存在するという仮定は、脳全体のトポグラフィーで置き換えられている。トポグラフィーという用語は、地理学や惑星科学で使われる場合には土地の形状を指すが、脳に適用される場合には、脳の表面の皮質全体にわたる諸領域の組織の様態

――脳の形状――を指す。脳のトポグラフィーは、皮質全体にわたるさまざまな領域が関与しているため、個々のモジュールに切り刻むことなどできない――かくしてモジュール性はトポグラフィーで置き換えられる。

脳のトポグラフィーを構成する組織はどのように見えるのか？　おもな特徴の一つは、視覚皮質や聴覚皮質などの〔特定の感覚モードに特化した〕ユニモーダル領域とデフォルト・モード・ネットワークのような〔複数のモードが関与する〕トランスモーダル領域のあいだに連続性や移行――ユニ‐トランスモーダル勾配――が存在することである。そのようなユニ‐トランスモーダル・トポグラフィーは、時間的な組織へと収斂する。ユニモーダル領域は、トランスモーダル領域より短いタイムスケールや、自己相関窓を示す（Golesorkhi et al. 2021a; Golesorkhi et al. 2021b; Wolff et al. 2022）。ユニ‐トランスモーダル・トポグラフィーは、入力処理に強い影響を及ぼす。ユニモーダル感覚野における短いタイムスケールは、入力に対して高度な時間的分離を可能にするのに対し、前頭前皮質やデフォルト・モード・ネットワークなどのトランスモーダル連合野における長いタイムスケールは、時間的な統合に理想的である（Wolff et al. 2022）（第1章参照）。

音楽を例に取ろう。音楽には特殊な和音や際立つ短いリズムのような瞬間的な事象が含まれる。その一方で、息の長い旋律もある。さらにはソナタ形式で提示される、さらに長いタイムスケールも存在する。ソナタ形式の楽曲では、最初に提示される旋律が、五分から二〇分が経過したあと楽章の終結部で繰り返される。脳は、独自のタイムスケールに従って音楽のさまざまなタイムスケールを処理しコード化する。楽曲内の短い事象は、脳のユニモーダル感覚皮質のより短いタイムスケールによって処理され、時間的に分離される。それに対して、長い旋律はデフォルト・モード・ネットワークのような連合野の、より長いタイムスケールによってコード化され時間的に統合される（Wolff et al. 2022; Hasson et al. 2015）。

タイムスケールの確率的な整合によって表象を置き換える

脳の内的なタイムスケールは、外界のできごとを再現するのだろうか？　その答えは「ノー」だ。脳の内的なタイムスケールによる音楽のタイムスケールの再現や再生などというものはない。「行為主体は世界のモデルを持たない――それ自体がモデルなのである。言い換えれば、身体化された脳の形態、構造、状態は、感覚に関するモデルを含まない――それら自体が感覚のモデルなのである」（Friston 2013, 212）

その代わりに存在するのは、内的なタイムスケールと外的なタイムスケールの整合性であり、両者は統計的、確率的な分布に従って整合する。脳のタイムスケールと重なり整合するタイムスケールが音楽に含まれていれば、脳はその音楽を処理しコード化することができる。そしてその人はその音楽を楽しむことができるのだ。それに対して、音楽のタイムスケールと脳のタイムスケールのあいだにいかなる確率的な重なりもなければ、脳はその音楽を処理することができず、よってその人は楽しめない。脳全体のタイムスケールと音楽のタイムスケールの確率的な整合という概念は、モジュール性に依拠する脳による音楽の表象という概念を置き換える。

人工エージェントにおける確率的な整合については何が言えるのか？　その種の確率的な整合が可能であるためには、さまざまなタイムスケールを人工エージェントの内的な組織、すなわちトポグラフィーに組み込む必要がある。脳の知見をもとに、ユニ－トランスモーダル脳領域のタイムスケールによって特徴づけられる勾配と同じ勾配に沿ってさまざまなタイムスケールを構築することができるだろう。ここで、ユニモーダル感覚野やトランスモーダル連合野それ自体を人工エージェントに組み込む必要はない点に留意されたい。ユニモーダルタイムスケールとトランスモーダルタイムスケールを構築しさえすればよいのである。私の考えでは、人工エージェントがそれ自体の内的なタイムスケールと外界のタイムスケールを確率的に整合させるためには、それだけで十分であろう。

ここでリトマス試験紙が必要になる。私たちは人工エージェントに、人間が把握することのできるタイムスケールで音楽を聞かせたとしよう。遅いタイムスケール（人間の脳で言えば、トランスモーダル連合野のタイムスケール）のみ組み込んだ場合には、その行為主体は音楽の速いタイムスケールに確率的に合わせられず、非常に遅いダンスしか踊れなくなるだろう。逆に速いタイムスケール（ユニモーダル感覚野のタイムスケール）のみ組み込めば、音楽の遅いタイムスケールに合わせられず、非常に速いダンスしか踊れなくなる。したがって、踊る人工エージェントは音楽の持つすべてのタイムスケールの力動性に的確に合わせて処理し、それに従ってダンスを踊れるよう実装されねばならない。

では、いかにすればそのようなタイムスケールに依拠する人工エージェントを構築できるのか？　私たちは、各処理単位の内部に独自のタイムスケールを埋め込むことができる。さらに瞠目すべきことに、人間のタイムスケールを超えることもできる。たとえば、コウモリは超音波に関連するタイムスケールを処理する能力を備えている。だから、人間の処理方法とは大幅に異なる、超音波を用いた方法で環境を経験している――したがって意識の指標として、「コウモリであるとはどのようなことか」は、「人間であるとはどのようなことか」とは異なる（Nagel 1974）。かくして人間の脳のタイムスケールを超えるタイムスケールを人工エージェントに組み込むことで、私たちは、より高精度かつ広範に、自己を環境と確率的に整合させる能力を持つ、より高度な行為主体を生み出せるだろう。さらに言えば、人間のタイムスケールを超越する人工エージェントのタイムスケールの時間的な拡張の度合いは、同じ環境内で機能する際に動員できる能力の拡張をそれと同程度にもたらすとすら考えられる。

タイムスケールと環境との整合性に依拠して構築された人工エージェントは、「自己の経験」を持つのか？

ここで、プレスコットは彼の提起する、モジュール性と表象に基づく人工エージェントが自己を備えていると仮定していたことを思い出そう（Prescott & Camilleri 2019）。タイムスケールと確率的な整合性に依拠した行為主体については、自己に関して何が言えるのか？　この問いに答えるためには、「自己を持つこと」と「自己を経験すること」の違いに留意する必要がある。「自己を持つこと」とは、他者の心の認識、自伝的記憶、意図的に開始された動作や行動を含む、自己のあらゆる能力を持つことを意味する。この「自己を持つこと」の意味で言えば、プレスコットの人工エージェントに自己を持たせることは可能かもしれない。

しかし、プレスコットのロボットの自己は、当のロボットによってはそのようなものとして経験されないのかもしれない。彼のロボットは、「自己の経験」としての自己の感覚を持たず、自己であるかのように振る舞ってはいても自己を自己として経験する能力は持っていないのかもしれない。ならば自己に関する意識はまったく持たないはずだ。持っていると仮定することは、自己と自己の感覚の違いをもたらす、「自己を持つこと」と「自己を経験すること」の区別をないがしろにすることになるからだ。人工エージェントに自己の感覚、ひいては自己の経験を付与するためには、モジュール性や表象ではなく、タイムスケールや確率的な整合性に依拠する必要があるというのが私の見方である。

自己に関する経験や感覚、より一般的には自己と世界の両方に関する意識を持つために、なぜタイムスケールや環境との確率的な整合性が必要なのか？　私たちは自己をより広い世界の一部として経験し、世界の内部の視点から自分自身を世界の一部として経験する（Northoff & Smith 2022）。さまざまな実証的証拠に基づいて言えば、そのような視点は、世界のタイムスケールに対する行為主体のタイムスケールの確率的な整合性に基づいて構成されていると想定できる。両者がより正確に整合していればいるほど、それだけそのような視点によって緊密に自己の経験を世界に沿わせることができるのだ。逆に両者がちぐはぐであればあるほど、それだけ自己の経験は世界とずれる。

モジュール性と表象に依拠する、プレスコットの行為主体は、内的なタイムスケールを一切含んでいないので、環境のタイムスケールに合わせることも、環境内に住まうこともできない。私の見方では、プレスコットの行為主体は特定の視点を示すことなど一切ないはずだ。視点を示すことがなければ、世界を経験することも、全体としての世界の一部として自己を経験することもない。そして自己の経験がなければ、自己の感覚も存在しない。

どうやってそれを検証できるのだろうか？　タイムスケールの主たる特徴の一つに変動がある。脳内時間とそのタイムスケールが時間の経過につれ変動し、きわめて変化しやすいという点はすでに見た。同じことは、思考や、さらには自己のような心的機能にも当てはまり、それらは時間の経過につれ、ゆっくりと（Rostami et al. 2022）、あるいは迅速に（Hua et al. 2022）変動する。プレスコットの行為主体の自己は、時間の経過につれ変動するのか？　おそらくまったく変動しないはずだ。なぜなら、変動を可能にするタイムスケールが組み込まれていないからである。さまざまなタイムスケールの変動は、環境との確率的な整合性を、そして究極的には視点の構成を可能にする。したがって、人工エージェントによる自己の経験が、時間の経過につれ変動するのなら（また環境の変動によって調節されるのなら）、人工エージェントにおける自己の感覚に関する、何らかの実証的な証拠が得られるかもしれない。

心身問題から「世界－脳」問題へ

世界、脳、心のタイムスケール

ここまではおもに、世界と脳／行為主体の時間的な関係について述べてきた。さまざまな動物のあいだでいくつかのタイムスケールが共有されることもあれば、特定の動物に固有のタイムスケールもある。したがって世界と生物の時間的な関係は、動物間での類似性によって特徴づけられる場合もあれば、差異性によって特徴づけられる場合もある。タイムスケールは、世界と脳／

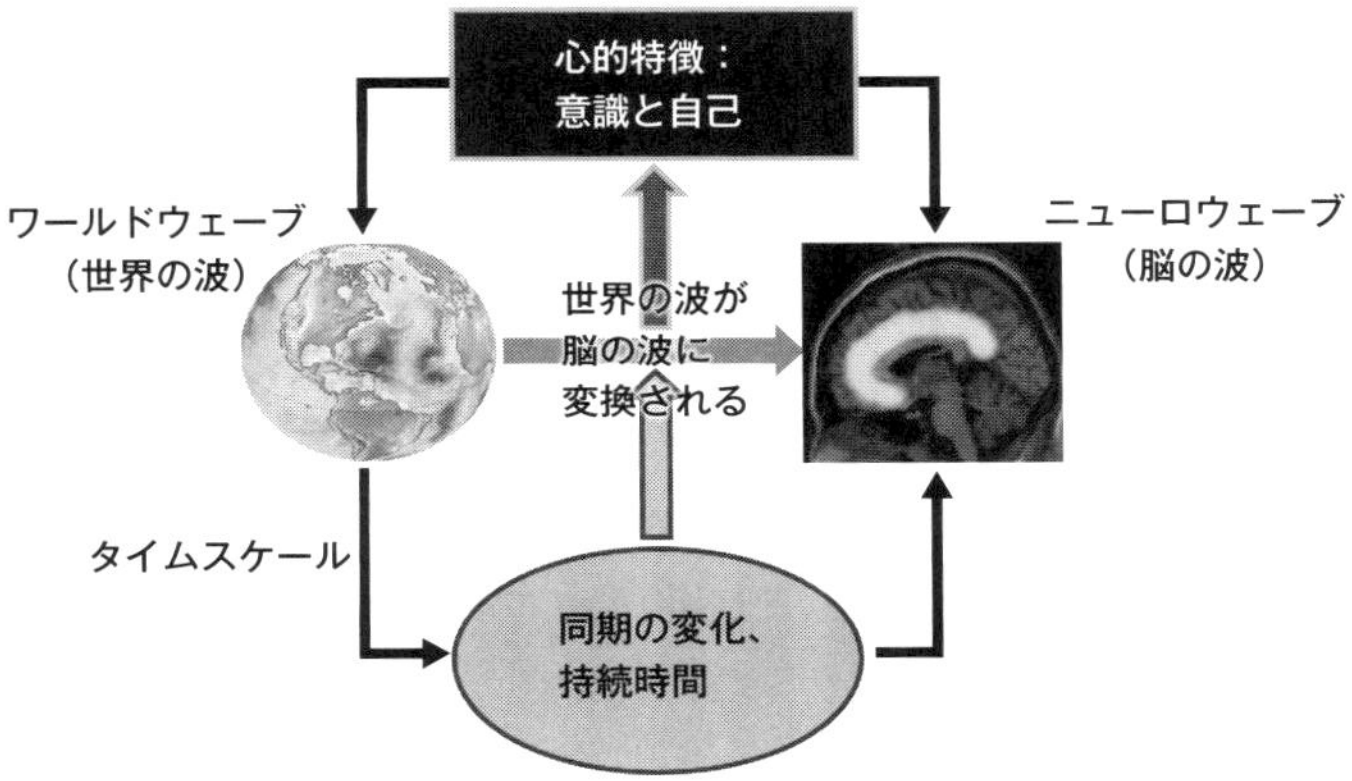

図13　ワールドウェーブからニューロウェーブへの変換
世界と脳の波における時間的特徴（変化、同期、持続時間など）に関する関係が、意識のような心的活動にどのように関係し、変容していくかを示している。

行為主体の両方によって共有されている——共通通貨として機能している（Northoff et al. 2020a; Northoff et al. 2020b）。

この提言は混乱を招くかもしれない。「共通通貨」という用語を導入したのは、類似のタイムスケールと力動性を示すという、脳と心の共通の特徴を明示するためである。だがこれは、世界と脳／行為主体によって共有されている特徴とは異なる。とはいえ、純粋に論理的に考えれば、（i）脳と心、ならびに（ii）世界と脳がそれぞれのタイムスケールを共有しているという事実から、世界と心もタイムスケールを共有しているという結論を引き出すことができる。そのうえで、「ワールドウェーブ（世界の波）」から「ニューロウェーブ（脳の波）」に変換されることが、世界‐脳問題として、意識や自己を考える基盤を形成していると考えられる（図13）。世界のタイムスケールの少なくとも一部は、脳／行為主体によって媒介されることで、心のタイムスケールにも顕現するはずだ。よってタイムスケールとその力動性は、世界と脳の時間的な関係に媒介されることで、世界と心の共通通貨として機能すると考えられる。

世界のタイムスケールによって心のタイムスケールが形作られることを示す実証的な証拠はまたある。もう一度音楽について考えてみよう。音楽のリズムに合わせて踊るとき、私たちの感情は音楽のタイムスケールに合わせて変化する。たとえば、音楽のタイムスケールが遅くなれば悲しみを、速くなれば興奮や喜びを感じるのだ。世界のタイムスケール、この例では音楽のタイムスケールは、心、認知、感情、動作などに再浮上する――私の考えでは、これは世界と心を媒介する脳のタイムスケールによって可能になる。

時間が心を形作る――世界と脳と心の共通通貨

世界の外的なタイムスケールは、とりわけ速い時間の領域でつねに変動している。それが私たちの内的思考を形作っているのなら、内的思考も変動するはずだ。その見方が正しいことは、二つの最近の研究によって示されている。

ジンギュ・ホア（Hua et al. 2022）は、被験者が注意を払わざるを得ない外的な課題に関連する思考と、注意を払う必要のない、課題とは無関係な思考について脳波計（EEG）を用いて調査している。それによって彼は、課題とは無関係な思考がより遅いシータ波（五～八ヘルツ）に媒介されているのに対し、ペースの速い課題に関連する思考が、より速いアルファ波（八～一三ヘルツ）に媒介されていることを示した。したがって脳は、より速い脳波と短いタイムスケールを用いて外界からのより速い入力刺激を処理し、また、より遅い脳波に依拠して課題に無関係な思考に立ち戻り、外界から自己を切り離していると考えられる。

思考に関するタイムスケールは、ロスタミら（Rostami et al. 2022）による純粋に心理的な研究によっても調査されている。この研究で彼らは、自己に関する思いなどの内向的な思考と、環境に関する考えなどの外向的な思考を、およそ二〇秒ごとに切り替えるよう被験者に求めている。その結果、思考は力動的に変化した。また内向的な思考は、より短いタイムスケールで作用する外向的な思考より長く続いた。それにはさまざまな脳領域が補完的に関与しており、外向的な思考がより速いユニモーダル感覚野を用いたのに対し、内向的な思考は前頭前皮質やデフォルト・モード・ネットワークのような、より遅いトランスモーダル領域を動員した（Vanhaudenhuyse et al. 2011）。

以上の研究は、タイムスケールが脳や世界との関係を含めて私たちの思考を形作っていることを示しており、世界、脳、心がタイムスケールと、究極的には力動性を共通通貨として共有しているという説を暫定的ながら裏づける。この時間的な共有がなくなれば、私たちは、深い眠りに落ちたときや全身麻酔を受けたとき、あるいは昏睡状態に陥ったときと同様、自己の感覚もろとも意識を失うだろう。また世界と脳と心が共有している時間が、より長いタイムスケールをともなう遅い脳波へとずれればうつになり、より短いタイムスケールをともなう速い脳波へとずれれば躁病になる。このように時間は、心と、その世界との関係の両方を形作り構成しているのである。

心身問題から「世界 - 脳」問題へ

さてこれで、哲学や神経科学における最大の難問に取り組む準備が整った。その問題とは心身問題である。哲学者や神経科学者たちは何世紀にもわたり、心と身体がいかに関係しているのかを論じてきた。デカルトは、心身二元論を提起したが、やがて彼の考えは、身体の一部としての脳に心の起源を求める見方によって取って代わられた。だがそれでも、問題の核心部は残った。今や私たちは、身体とは区別される特別な心を探究するのではなく、他の脳組織とは区別される特別な神経的特徴を脳内に探している（第2章参照）。その結果心の特別性は保たれ、よって「心 - 身体／脳」問題も何ら変わっていない。

しかし本章と前章で取り上げたデータは、それとは異なるストーリーを語っている。心は何ら

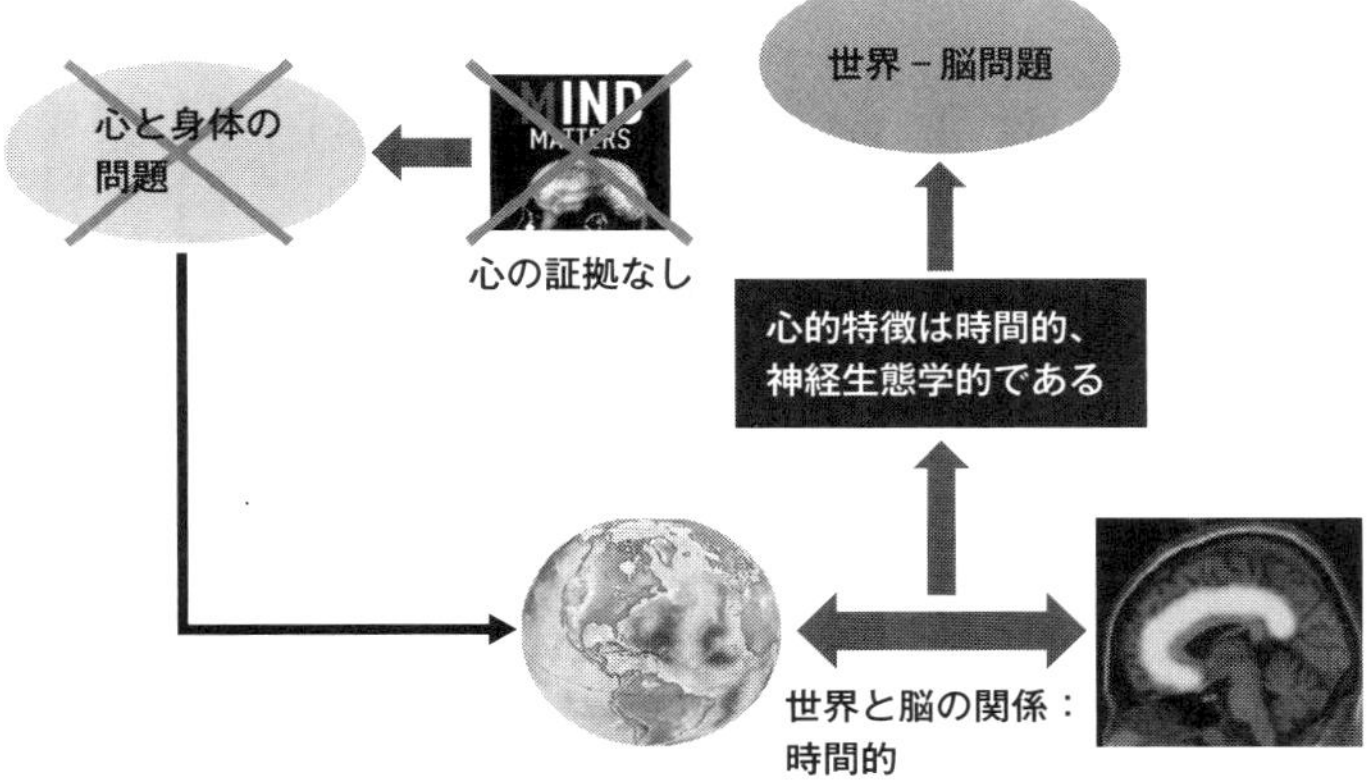

図14　心身の問題を世界－脳の問題に置き換える
世界と脳の波における時間的特徴（変化、同期、持続時間など）に関する関係が、意識のような心的活動にどのように関係し、変容していくかを示している。

特別なものではない。他の生物学的現象や自然現象と同様、心は時間、すなわちさまざまなタイムスケールとその力動性に依拠している。心は、脳が脳内時間を世界の外的時間に合わせる、その程度に左右される時間的な現象なのだ。したがって心の起源は、世界と脳の関係、すなわち「世界－脳」関係の時間的な性質にある（Northoff 2018）。それには重要な意味が含まれる。

私の考えでは、確率的な整合性の度合いなどといった、「世界－脳」関係の時間的な特性は、意識や自己の感覚のような心的機能の発現を説明することができる。ならば、心身問題のような問いは意味をなさなくなり不要になる（図14）。より基本的で根本的な原理（ここでは世界と脳の時間的な関係）によってすでに説明されている何か（ここでは心と身体の関係）について問う必要などいったいどこにあるのか？

世界と脳の関係の時間的な特性の探究は、脳が生む心について語ってくれるだろう。この探究に必要なのは、世界と脳の確率的な整合をともなうタイムスケールを調査することだ。コウモリのたとえに戻ると、超音波のタイムスケールを知ることができれば、私たちはコウモリのタイムスケールについて知り、それによってコウモリの心的機能、言い換えれば「コウモリであるとはどのようなことか」がわかるだろう（Nagel 1974）。意識や自己などの心的機能を説明するために、タイムスケール以外に、身体と区別される心や、（情報統合やグローバル・ニューロナル・ワークスペースなどの）特殊な脳のメカニズムを措定する必要などない。かくして心身問題は、「世界‐脳」問題で置き換えることができるのだ（Northoff 2018）。

結論

人間であれ動物であれ、さまざまな生物が特定のタイムスケールを共有している。また種間で共有されていないタイムスケールもある。タイムスケールは私たちと世界の関係、さらには私たちの行動や心的機能を形作っている――それには自己、意識、情動なども含まれる。私たちと世界の関係は基本的に時間的なものであり、それが私たちの心を形作っているのだ。そこには大きな哲学的意義が含まれる。

心的機能の基盤は、「世界‐脳」関係に由来するタイムスケールを介して時間が与えているということをひとたび知れば、心を想定する必要はなくなる。そうなれば、心に関するいかなる想定も、奇妙で無意味なものに思えるようになるだろう。それはDNAが発見される以前に提唱されたエラン・ビタール、つまり生命のエネルギーの概念や、血液循環が発見される以前の時代に想定されていた生きた精霊が、今や無意味に思えるのと同じことだ。これは、心身問題に関するいかなる問いも無意味なものにする。何か（心）が存在しないのなら、その存在しないものが、存在するもの（身体）と関係を結ぶことはあり得ない。今こそ、心身問題に別れを告げよう。私たちは、無意味な心身問題を、意味のある「世界‐脳」問題で置き換えられるのだから。「世界‐脳」問題よ、ようこそ！

「世界‐脳」問題は、心的機能を構成するために必要になる関係の種類を規定する。私はここまで、そのような関係が時間的なものでなければならず、世界のタイムスケールが脳のタイムスケールを介して心のタイムスケールへと変換されることで特徴づけられると指摘してきた。そのような変換関係は脳に限らないことに留意されたい。私たちはまた、進化の過程を経て発達してきた「世界‐脳」関係とは異なり、いまだ日の目を見ていない「世界‐人工エージェント」関係の時間的な基盤を確立することができるだろう。

コーダ

神経科学と哲学における
コペルニクス的転回

世界も脳も心も時間である。時間は、内的時間の連続的な構築から成るがゆえに力動的だ。内的時間は世界内と脳内の両方における、できごとや物体間の、そして世界と脳それ自体のあいだの時間的な関係に関するものである。脳による脳内時間の構築は、世界による世界内時間の絶え間のない構築の一部をなす。かくして脳は、脳内時間を構築することで、それを世界内時間に合わせているのである。

脳は世界内時間の内部で、脳内時間を世界内時間に合わせる。そしてそれによって、自己や意識のような心的機能の形成が可能になる。脳による脳内時間の構築が、その世界との整合性とともに変えられたり失われたりすれば、意識のような心的機能も同様な結果になるだろう。この仕組みは脳内時間を世界内時間の変化や力動のなかに巻き込む。全体としての世界の一部になることで、脳それ自体が時間的になるのだ。

いかにすれば脳を世界の時間の一部として見ることができるのか？　そのためには、コペルニクスやダーウィンから学ぶ必要がある。かつて私たちは、人間が世界の中心を占めていると考えていた。コペルニクス以前の時代には、私たちが住む地球が宇宙の中心を占めていると考えられていた。だがコペルニクスは、そうでないことを教えてくれた。彼にとって地球は、私の言い方を用いれば、宇宙の絶え間なく続く時間の内部に存在しその一部をなしていたのだ。地球は、地球ではなく太陽が中心を占める太陽系の一部をなすにすぎない。コペルニクス的転回は、地球がなぜ、そしてどのように動くのかに関する理解をもたらしてくれた。さらに私たちは、地球とその動きが、絶え間のない時間の経過によって特徴づけられる、全体としての宇宙の一部をなしているということも理解できた。

同じことはダーウィンにも当てはまる。ダーウィンが登場する以前の時代には、人類が生物界の中心を占めていると考えられていた——人間は自分たちを神によって与えられた無時間的で特別な存在と見なし、よって他のいかなる生物と比べても永続すると考えていた。その手の幻想から人々を目覚めさせられるほど賢かったダーウィンは、絶え間なく続く進化の時間の経過の内部にあり、その一部をなすものとして人類をとらえたのだ。人類は、生命の進化の自然な流れを介して誕生してきたあまたの生物のなかの一生物種にすぎない。こうしてダーウィンは、間断なく流れる生物進化の時間のなかに人類を置き直して時間的な存在にし、その一部にしたのである。

物理学におけるコペルニクス的転回と生物学における転回は異なる分野で生じたが、両者のあいだには共通点がある。地球に関する変化も人類に関する変化も、時間という観点から見れば、より明確に理解することができるようになる。地球の動きは、広大な宇宙における力動的な時間の経過の一部をなすにすぎない。同じことは人類にも当てはまる。つまり人類は、生物全体の進化という長い歴史の時間の一部をなすにすぎない。物理学においても生物学においても、そこで起こったコペルニクス的転回は基本的に時間的なものであり、地球と人類（とそれ以外の生物）の時間化、ならびにそれによる広大な世界と長大な時間の内部への統合化に関するものなのである（Weinert 2013; Northoff 2018; Northoff et al. 2019）。

ここで私が言いたいのは、今や脳と心に関する見方にも、コペルニクス的転回が必要とされているということだ。脳も心も無時間的なものではない。私は本書で、いかに脳が脳内時間を構築し、それによって意識や自己などの心的機能が生じているのかを論じてきた。またデータに基づいて言えば、心的機能の形成には、世界内時間に対する脳内時間のカップリング、すなわち整合が、重要な役割を果たしている。脳は、より包括的で広範な世界内時間の一部になることで、心的機能を生み出すことができるのだ。だから心は、世界内時間の絶えざる流れに対する脳の整合性を考慮することでのみ理解できる。脳の時間は世界の時間の一部であり、それが心の存在を可能にしているのである。

神経科学や哲学に必要なのは、コペルニクス的転回以外の何ものでもない（Northoff 2018;

2019)。私たちは、脳や心を世界の無時間的で特別な中心と見なす前コペルニクス的見方を捨て去らねばならない。コペルニクスやダーウィンは、私たちが脳や心について論じ合っているところを耳にしたら微笑むのではないだろうか。そして脳内時間について、またいかにそれが世界の時間の絶えざる流れに統合されているかについて考慮するよう助言することだろう。時間は地球や進化にとってのみならず、脳や心にとっても本質的な要素をなしているのだから。

結論すると、神経科学や哲学にもコペルニクス的転回が求められている。コペルニクスによる物理学の革新やダーウィンによる生物学の革新と同様、今日求められているコペルニクス的転回は、その本質において時間的なものである――私たちは、脳や心の内的時間を、世界内時間の絶えざる流れの内部にその一部として位置づけてとらえる必要がある。脳内時間と世界内時間の関係についてひとたび正しく理解すれば、私たちは心身問題を「世界‐脳」問題で置き換えることができるだろう。そしてそれによって、心を特別な実体と見なす想定は、物理学と生物学におけるコペルニクス的転回によって、地球の不動の動者、あるいは人類の創造主としての神という想定の欺瞞が暴かれたのと同様、無用の長物と化すはずだ。

監修者解説

ノルトフ氏の今回の書籍の邦訳は、少し複雑な経緯があるので、まずはこの点をお話ししたい。自分が監修者として、日本語訳を最初読んだときには、大変興味深い話題であるが、スケールフリーなどの説明に図などの解説を付けるとよいと感じた。そこで編集者に図などがあるともう少しわかりやすくなるのではと問い合わせたところ、はじめにイタリア語版が出版され、その後、英語版へ翻訳される際に図の削除や章構造の変更が行われていたという経緯を知ることとなった。そもそも原書のタイトルがイタリア語版で『時間の符号化——脳、心、意識（*Il codice del tempo. Cervello, mente e coscienza*）』であったのに、英語版では『神経波動——脳、時間、そして意識（*Neurowaves: Brain, Time, and Consciousness*）』であった。

実は英語版とイタリア語版には、それぞれにしかないコンテンツがある。英語版では第6章の後にコーダと呼ばれる章が追加されている。コーダは日本語版で読めるが、一方では、イタリア語版には英語版にない図や解説が第3章にあり、それが臨界現象と脳、世界の関係である。臨界現象とは、ある条件で物質の状態が突然変わる相転移のような現象で、特有のスケールを持たない現象と考えられている。それは広大な宇宙から物質の最小単位である素粒子の世界に至るまで、あらゆるスケールで起きる可能性があると考えられている。臨界現象では、その構成される要素の特性が大きく変わることから、現代物理学は、世界におけるさまざまな時間の構造を研究し、特定の原理を導き出そうとしている。たとえば水と氷の相転移でも、水は液体の状態では水分子として全体としてはバラバラに自由に動き回るが、固体の状態である氷になると秩序があり結晶とも言うべき構造にある。ところが、ちょうど摂氏零度の臨界点では、ある程度の自由とある程度の秩序が交じり合う、多様性のある特別な状況になる。これが臨界現象である。神経細胞のネットワークに関しても同様に、完全な自由と、完全な秩序との間に臨界現象と呼ばれる特別な状況が生まれると、短距離の相関も長距離の相関も生まれ、しかも短時間の相関も長時間の相関も生まれる不思議な状態が出現すると考えられる。このことをノルトフ氏は解説している。

しかし、内容は専門的で一般読者には難しく、その結果、英語版では省くことになったと考えられる。しかし、脳と世界の関係の大きなギャップ、ミッシングリンクをどのように結びつけるのか日本語版の読者にも少し紹介したいと考えた。

イタリア語版の第3章は「川――意識の時間」として、後に述べるように、脳と世界をいきなり結びつけるのではなく、臨界現象という物理の理論を共通基盤において脳の時間と世界の時間を結び付けようとしている。第2節のタイトルは「2　動的レパートリー、臨界現象、フリースケール活動」で、さらに五つのパートに分かれる。「2・1　動的レパートリー」、「2・2　ダイナミクスと動的レパートリーのバランス」、「2・3　臨界現象とシステムの状態」、「2・4　世界と脳は臨界状態で作動する」と「2・5　スケールフリー活動と長範囲時間相関」という構成になっている。

臨界現象としては、時空間的な動的レパートリーと時間的な変化を表すダイナミクスの二つの側面があり、まずそれぞれが違うことを説明している。

「2・1　動的レパートリー」では、第一近似として、動的レパートリーという概念が導入される。可能な時間的構成、ひいてはシステムのさまざまなタイプの状態を記述していると言える。このため、「時間的レパートリー」と言うこともできる。

比喩としてはスペインの神経科学者グスタボ・デコが提唱したテニスプレーヤーの行動が使われた（Deco et al.）。相手のサーブを待つテニスプレーヤーはベースライン付近を移動し、サーブを打ちかえすのに最適なポジションを探す。サーブを受ける前のこうした動きによって、テニスプレーヤーはさまざまな動的軌道に沿った仮想的な時空間構造を構築する。こうしたさまざまなレパートリーと時空間軌道が多彩であればあるほど、相手のサーブに効果的に対応できる可能性が高くなる。

脳の自発的な活動についても同じことが言える。脳の神経細胞活動は、外部環境から起こりうる試練に対応したり適応したりするために、さまざまな時空間構造や軌道を構築する。脳の中の「仮想的な時空間構造」とは、テニスの例では「仮想的なサーブの時空間的な軌道」で、これらが動的レパートリーということで、難解な概念が、比喩を使ってわかりやすく対応づけられている。

しかし、テニスプレーヤーの例と、途切れることなく流れる川の水との間にはどのような関係があるのだろうか？　川の水と同じように、テニスプレーヤーも常に行ったり来たりしている。ポイントは、水の流れとテニスプレーヤーの動きの両方に、特定の時間的・空間的軌跡を見出すことができるということだ。川の水の流れもテニスプレーヤーの動きも、まったくランダムなものではなく、時間的な組織という構造が隠されている。脳活動の流れの根底にある時間的構造、つまり連続的な変化を明るみに出すことは、意識の本質を理解する上で極めて重要なことかもしれない。

次に「2・2　ダイナミクスと動的レパートリーのバランス」では、システムの示す動的レパートリーがどのように単なる時間的変化としてのダイナミクス（力動性）と異なるかが説明される。ある種のトレードオフの関係にあるとも言える。ここでも比喩が用いられているが難しい説明で省いた理由もわかる。このように議論は始まる。

しかし、ダイナミックな動的レパートリーを単なる変化（ひいてはダイナミクス）に還元することはできない。システムは非常にダイナミックでありながら、常に同じ軌道をたどることができる。実際、私（ノルトフ氏）は毎日街を歩き回っている。実際、私はいつも散歩するとき同じルートを往復している。私は間違いなくダイナミックだが、私のダイナミックなレパートリーはかなり少ない。

時間についても同じことが言える。私のスケジュールは非常に厳格で、そこから外れることはない。すべての仕事を正確な時間にこなし、毎日同じスケジュールを守る。一八世紀のドイツの哲学者、イマヌエル・カントもおそらくそうであったろう。彼は午後四時の散歩の時間をとても厳守していたので、彼の町ケーニヒスベルクの住民は、役場の時計を参考にするよりも、彼が通り過ぎるときに時計を合わせたという。

要するに、ダイナミックさは動的レパートリーではなく、動的レパートリーはダイナミックさではない。両者は別個のものであり、極端な場合、両者は切り離され、分離してしまう。この場合、低いダイナミックさはレパートリーの多さと密接に関係している。テニスをしていて、相手のサーブを待っている間はあまり動かないが、その動きはたとえわずかであっても、いつも違っているようなものだ。しかし、これは極端なケースである。通常の、より一般的なケースは、ある種のダイナミックさに同レベルのレパートリーが伴うというものだ。

どちらがベストか？　本書で述べるようにベストなのは、ダイナミクスとレパートリーのバランスである。極端なダイナミクス（レパートリーなし）と極端なレパートリー（ダイナミクスなし）は、後で述べるように、意識の異常な発現を引き起こすからである。要するに、平衡は有益であり、平衡からの過度の逸脱は脳と意識の両方にとって有害なのである。

さらに次の「2・3　臨界現象とシステムの状態」では、どのように、この二つの異なるパラメータであるダイナミクスと動的レパートリーをバランスさせるかが、臨界現象が意識を生み出す上で鍵であることが説明される。

すなわち、ダイナミクスと動的レパートリーのバランスは、脳と意識を安定させるための基本である。このバランスをどのように調整するのかという疑問が生じる。この疑問は、物理学で「臨界現象」と呼ばれるものに私たちを導く。システムは、秩序の最大値と無秩序（すなわちランダム性）の最大値の間のゾーンで動作することができる。このゾーンは臨界点（システムの生物物理学的特性によって定義される）によって特徴づけられる。

もし何らかの物理的なシステムが臨界点を超えると、すなわち超臨界状態になると、その秩序は低下し、無秩序となり、最終的には完全なランダム性が支配するようになる。一方、その物理的なシステムが臨界点以下のままであれば、多かれ少なかれ秩序状態にある。システムが臨界点に近ければ近いほど、つまり臨界点にあればあるほど、秩序は低下し、その動的レパートリーはより豊かで柔軟なものになる。

臨界点にどの程度近いかどうかは、実際にシステムのさまざまな動的状態のレパートリーを計測してみることで確認できる。例えば、臨界点ではべき乗則に従っているので、どの程度べき乗指数に従っているかを評価する。また質量があると長距離相関が生まれにくいので、質量に対応するシステムのパラメータを推定すると、臨界点近傍では、一般に摂動に対してシステムの質量がゼロに近づき、このことで相関の長さが非常に大きくなるので長距離相関相互作用が可能になる。一方、システムが臨界点から低く遠ざかれば遠ざかるほど、システムは柔軟性を失い、秩序化された（そして硬直化した）状態になる。一方で臨界点から高く遠ざかれば、システムは柔軟性を増すが、秩序を失いカオスな状態になる。すなわち、臨界点でダイナミクスと動的レパートリーはバランスが取れた状態になる。

そして、最後に「2・4　世界と脳は臨界状態で作動する」ではどのように臨界状態で世界と脳が作動するかが解説される。比喩として強磁性－常磁性相転移を持つ鉄磁石の場合を考えてみよう。臨界点より低い条件下では、時間的レパートリーはむしろ小さくなり単なる鉄磁石としてふるまう。逆のケース、つまり超臨界温度では、鉄磁石はゼロ磁化とカオス的挙動、つまり構造化されたスピン配向を持たず非常に高い変動性を示す。実際、このような条件では一般的な磁性体には何の構造もない。臨界点に近い温度においてのみ、磁性体中に構造化されたさまざまなスピン配向が、異なる空間的・時間的スケールで、あるいはスケールに依存しない形で出現する。その結果、可変性と構造の両方を示すことで、多様な準安定状態を包摂し、幅広い動的レパートリーが可能となる。

すなわち、システムの臨界点に関して、さまざまな動作領域があることを示している。システムは、臨界点よりかなり低い亜臨界状態や臨界点より高い超臨界状態で作動することもあれば、臨界点に近い状態で作動することもある。そして、動作領域の中で臨界に近い状態においてのみ、動的レパートリーは最大限の範囲に達する。全体として、臨界のスペクトルを想像することができ、亜臨界状態は下方の極端、超臨界状態は上方の極端、臨界に近い状態は中間または中央の領域を表している。

しかし、世界や脳はどうだろう？　両者は三つの領域のどこで活動しているのだろうか？　世界も脳も、自らの内部時間を継続的に構築しながら、臨界点で作動する。したがって、亜臨界システムや超臨界システムとは異なり、スケールに依存しない、活動の臨界状態に近い状態であることが知られている。このようなシステムは、豊富な動的レパートリーや時間的レパートリーによって特徴づけられる最適な柔軟性を持つと同時に、自己維持的で、時間の経過とともに安定した状態を維持する。脳が臨界状態で作動するという事実は、意識にとって極めて重要である。

その結果、脳は臨界状態では本書で何度も出てくるスケールフリーな特性や長範囲時間相関が出現してくる。「2・5　スケールフリー活動と長範囲時間相関」では、実際に測定を試みることから始まる。世界（あるいはあらゆるシステム）における臨界現象は、どのようにして測定できるのだろうか？　一つの方法は、時間的入れ子という観点から解釈できるスケール不変性の活動である。入れ子の典型的な例は、ロシアのマトリョーシカである。つまり大きさは違っても（スケール変換しても）、一連の人形はすべて同じ形をしている（不変性）。これは「スケール変換に対する不変性」、つまり「スケール不変性」が意味するところである。しかし、ロシア人形の例は、空間領域におけるスケール不変性の話である。一方、私たちが理解したいのは、時間領域における自己相似性とスケール不変性、つまり時間的入れ子である。スケール不変性をもちつつも、実際の脳の活動は常にゆらいでいる。そのため時間的入れ子の理解には、ゆらぎを構成する異なる周波数に立ち戻らなければならない。

そして実際に世界にはスケールフリーな現象に満ち溢れていることが記述され、こう結論される。スケールに依存しない活動は、世界の普遍的な性質と考えることができる。世界はスケールに依存しない方法で内部時間を構築し、異なる周波数を持つゆらぎの間に時間的入れ子関係を持つ。脳も同様である。脳は世界の一部であり、そのスケールに依存しない活動である。脳は世界と同じように、つまりスケールに依存しない方法で内部時間を構築する。

世界の内部時間と脳の内部時間とのそれぞれが、長範囲時間相関という、同じ臨界現象の状態になっており、そのために世界と脳の間でもスケールに依存しない方法で脳の内部時間が世界の内部時間に入れ子になっていると考えられるのではなかろうか。したがって、脳がその内部時間を構築する方法（スケールフリー、長範囲時間相関）は、脳を世界に取り込み、その結果、脳は私たちを世界に取り込むと言える。私たちはこれから、世界と脳という一見異なる二つが同じ臨界現象の時空間法則を共有することで起こる包摂が意識にとっていかに重要であるかを見ていく。特に、脳によるスケール非依存的な内部時間の構築が失敗すると、結果として意識が消失し、私たちは世界から排除される。

以後の議論は、英語版での議論と共通である。臨界現象は、脳と世界の共通貨幣とか、脳−世界問題といったときに、重要になるコンセプトと考えられる。

今回の日本語版は英語版を基本としつつ、イタリア語版のほとんどの図を復活させ、読者の理解を助けたと信じてはいるが、厳密には章構造も両者の版で異なっており、結果として各章の図と解説が必ずしもイタリア語版のようにかみ合っていないところもあり、わかりにくい面もあるのではないかと思う。

さらにイタリア語版から省かれた臨界現象の内容も一般読者には難しすぎるということで、英語版で省かれたこともわかるのではあるが、自分にはなくてはならない議論のように思えた。実際の評価は読者に任せたい。

虫明　元

Nature Reviews Neuroscience 17, no. 7 (July): 450–61. https://doi.org/10.1038/nrn.2016.44.

Vanhaudenhuyse, Audrey, Athena Demertzi, Manuel Schabus, et al. 2011. "Two Distinct Neuronal Networks Mediate the Awareness of Environment and of Self." *Journal of Cognitive Neuroscience* 23, no. 3: 570–8. https://doi.org/10.1162/jocn.2010.21488.

Weinert, Friedel. 2013. *The March of Time*. Heidelberg: Springer.

Whitfield-Gabrieli, Susan, Joseph M. Moran, Alfonso Nieto-Castañón, Christina Triantafyllou, Rebecca Saxe, and John D.E. Gabrieli. 2011. "Associations and Dissociations between Default and Self-Reference Networks in the Human Brain." *Neuroimage* 55, no. 1: 225–32. https://doi.org/10.1016/j.neuroimage.2010.11.048.

Wolff, Annemarie, Daniel A. Di Giovanni, Javier Gómez-Pilar, Takashi Nakao, Zirui Huang, André Longtin, and Georg Northoff. 2019. "The Temporal Signature of Self: Temporal Measures of Resting-State EEG Predict SelfConsciousness." *Human Brain Mapping* 40, no. 3 (Feb. 15): 789–803. https://doi.org/10.1002/hbm.24412.

Wolff, Annemarie, Nareg Berberian, Mehrshad Golesorkhi, Javier GomezPilar, Federico Zilio, and Georg Northoff. 2022. "Intrinsic Neural Timescales: Temporal Integration and Segregation." *Trends in Cognitive Sciences* 26, no. 2: 159–73. https://doi.org/10.1016/j.tics.2021.11.007.

Zhang, Jianfeng, Zirui Huang, and Yali Chen, et al. 2018. "Breakdown in the Temporal and Spatial Organisation of Spontaneous Brain Activity during General Anesthesia." *Human Brain Mapping* 39, no. 5: 2035–46. https://doi.org/10.1002/hbm.23984.

Zilio, Federico, Javier Gomez-Pilar, Shumei Cao, Jun Zhang, Di Zang, Zengxin Qi, Jiaxing Tan, Tanigawa Hiromi, Xuehai Wu, Stuart Fogel, Zirui Huang, Matthias R. Hohmann, Tatiana Fomina, Matthis Synofzik, Moritz Grosse-Wentrup, Adrian M. Owen, and Georg Northoff. 2021. "Are Intrinsic Neural Timescales Related to Sensory Processing? Evidence from Abnormal Behavioral States." *Neuroimage* 226. https://doi.org/10.1016/j.neuroimage. 2020.117579.

Scalabrini, A., B. Vai, S. Poletti, S. Damiani, C. Mucci, C. Colombo, and M. Bendetti. 2020. "All Roads Lead to the Default-Mode Network: Global Source of dmn Abnormalities in Major Depressive Disorder." *Neuropsychopharmacology* 45, no. 12: 2058–69.

Seth, Anil, and Tim Bayne. 2022. "Theories of Consciousness." *Nature Reviews Neuroscience*. https://doi.org/10.1038/s41583-022-00587-4.

Shinomoto, S., et al. 2009. "Relating Neuronal Firing Patterns to Functional Differentiation of Cerebral Cortex." *PLoS Comput. Biol*. 5: e1000433.

Smith, David, Annemarie Wolff, Angelika Wolman, Julia Ignazsewski, and Georg Northoff. 2022. "Temporal Continuity of Self: Long Autocorrelation Windows Mediate Self-Specificity." *Neuroimage* 257, no 1: 119305.

Smolin, Lee. 2013. *Time Reborn: From the Crisis in Physics to the Future of the Universe*. Boston: Houghton Mifflin Harcourt.

Stevens, M.C., K.A. Kiehl, G. Pearlson, and V.D. Calhoun. 2007. "Functional Neural Circuits for Mental Timekeeping." *Hum Brain Mapp*. 28, no. 5: 394–408. https://doi.org/10.1002/hbm.20285.

Sui, Jie, and Glyn Humphreys. 2016. "Introduction to Special Issue: Social Attention in Mind and Brain." *Cogn Neurosci*. 7, no. 1–4: 1–4. https://doi.org/10.1080/17588928.2015.1112773.

Tagliazucchi, E., F. Von Wegner, A. Morzelewski, V. Brodbeck, K. Jahnke, and H. Laufs. 2013. "Breakdown of Long-Range Temporal Dependence in Default Mode and Attention Networks during Deep Sleep." *Proceedings of the National Academy of Sciences* 110, no. 38: 15419–24. https://doi.org/10.1073/pnas.1312848110.

Tagliazucchi, E., D.R. Chialvo, M. Siniatchkin, et al. 2016. "Large-Scale Signatures of Unconsciousness Are Consistent with a Departure from Critical Dynamics." *Journal of the Royal Society Interface* 13, no. 114: 20151027. https://doi.org/10.1098/rsif.2015.1027.

Tallon-Baudry, Catherine, Florence Campana, Hyeong-Dong Park, and Mariana Babo-Rebelo. 2018. "The Neural Monitoring of Visceral Inputs, rather than Attention, Accounts for First-Person Perspective in Conscious Vision." *Cortex* 102 (May): 139–49. https://doi.org/10.1016/j.cortex.2017.05.019.

Tipples, Jason, Victoria Brattan, and Pat Johnston. 2013. "Neural Bases for Individual Differences in the Subjective Experience of Short Durations (Less than 2 Seconds)." *PLoS One*. https://doi.org/10.1371/journal.pone.0054669.

Tononi, Giulio, Melanie Boly, Marcello Massimini, and Christof Koch. 2016. "Integrated Information Theory: From Consciousness to Its Physical Substrate."

Northoff, G., and F. Zilio. 2022a. "Temporo-spatial Theory of Consciousness (ttc): Bridging the Gap of Neuronal Activity and Phenomenal States." *Behavioral Brain Research* 424: 113788.

Northoff, G., and F. Zilio. 2022b. "From Shorter to Longer Timescales: Converging Integrated Information Theory (iit) with the Temporo-spatial Theory of Consciousness (ttc)." *Entropy* 24, 270. https://doi.org/10.3390/e24020270.

Park, Hyeong-Dong, Stéphanie Correia, Antoine Ducorps, and Catherine Tallon-Baudry. 2014. "Spontaneous Fluctuations in Neural Responses to Heartbeats Predict Visual Detection." *Nature Neuroscience* 17, no. 4: 612–18. https://doi.org/10.1038/nn.3671.

Prescott, T.J., and D. Camilleri. 2019. "The Synthetic Psychology of the Self." *Cognitive Architectures* 94: 85–104.

Qin, P., and G. Northoff. 2011. "How Is Our Self Related to Midline Regions and the Default-Mode Network?" *Neuroimage* 57, no. 3: 1221–33. https://doi.org/10.1016/j.neuroimage.2011.05.028.

Qin, P., M. Wang, and G. Northoff. 2020. "Linking Bodily, Environmental and Mental States in the Self: A Three-Level Model Based on a Meta-analysis." *Neuroscience & Biobehavioral Reviews* 115: 77–95. https://doi.org/10.1016/j.neubiorev.2020.05.004.

Raichle, M.E., A.M. MacLeod, A.Z. Snyder, W.J. Powers, D.A. Gusnard, and G.L. Shulman. 2001. "A Default Mode of Brain Function." *Proceedings of the National Academy of Sciences of the United States of America*. https://doi.org/10.1073/pnas.98.2.676.

Raichle, Marcus E. 2009. "A Brief History of Human Brain Mapping." *Trends in Neurosciences* 32, no. 2: 118–26.

–2015. "The Brain's Default Mode Network." *Annual Review of Neuroscience* 8, no. 38: 433–7. https://doi.org/10.1146/annurev-neuro-071013-014030. Review.

Richter, C.G., Mariana Babo-Rebelo, Denis Schwartz, and Catherine TallonBaudry. 2017. "Phase-Amplitude Coupling at the Organism Level: The Amplitude of Spontaneous Alpha Rhythm Fluctuations Varies with the Phase of the Infra-Slow Gastric Basal Rhythm." *Neuroimage* 146 (Feb. 1): 951–8. https://doi.org/10.1016/j.neuroimage.2016.08.043.

Rostami, S., A. Borjali, H. Eskandari, R. Rostami, A. Scalabrini, and G. Northoff. 2022. "Slow and Powerless Thought Dynamic Relates to Brooding in Unipolar and Bipolar Depression." *Psychopathology*, 1–15. https://doi.org/ 10.1159/000523944.

Rovelli, Carlos. 2018. *The Order of Time*. London: Penguin Random House.

Northoff, G., A. Heinzel, M. de Greck, F. Bermpohl, H. Dobrowolny, and J. Panksepp. 2006. Self-Referential Processing in Our Brain: A Meta-analysis of Imaging Studies on the Self." *Neuroimage* 31, no. 1: 440–57. https://doi. org/10.1016/j. neuroimage.2005.12.002.

Northoff, Georg, and Zirui Huang. 2017. "How Do the Brain's Time and Space Mediate Consciousness and Its Different Dimensions? Temporo-spatial Theory of Consciousness (ttc)." *Neuroscience & Biobehavioral Reviews* 80: 630–45. https://doi.org/10.1016/j.neubiorev.2017.07.013.

Northoff, G., and V. Lamme. 2020. "Neural Signs and Mechanisms of Consciousness: Is There a Potential Convergence of Theories of Consciousness in Sight." *Neurosci. Biobehav. Rev*. 118: 568–87. https://doi.org/10.1016/j.neubiorev.2020. 07.019.

Northoff, Georg, Paola Magioncalda, Matteo Martino, Hsin-Chien Lee, Ying-Chi Tseng, and Timothy Lane. 2018. "Too Fast or Too Slow? Time and Neuronal Variability in Bipolar Disorder: A Combined Theoretical and Empirical Investigation." *Schizophrenia Bulletin* 44, no. 1: 54–64. https://doi.org/10.1093/ schbul/sbx050.

Northoff, Georg, and David Smith. 2022. "The Subjectivity of Self and Its Ontology: From the World-Brain Relation to the Point of View in the World." *Theory & Psychology* 1–30. https://doi.org/10.1177/09593543221080120.

Northoff, Georg, and Etienne Sibille. 2014. "Why Are Cortical gaba Neurons Relevant to Internal Focus in Depression? Across-Level Model Linking Cellular, Biochemical and Neural Network Findings." *Mol. Psychiatry* 19: 966–77.

Northoff, G., and S. Tumati. 2019. "'Average Is Good, Extremes Are Bad': Non-linear Inverted U-shaped Relationship between Neural Mechanisms and Functionality of Mental Features." *Neurosci. Biobehav. Rev*. 104: 11–25. https://doi.org/10.101 6/j.neubiorev.2019.06.030.

Northoff, G., D. Vatansever, A. Scalabrini, and E.A. Stamatakis. 2022. "Ongoing Brain Activity and Its Role in Cognition: Dual versus Baseline Models." *The Neuroscientist*, 1–28. https://doi.org/10.1177/10738584221081752.

Northoff, G., S. Wainio-Theberge, and K. Evers. 2020a. "Is Temporo-spatial Dynamics the 'Common Currency' of Brain and Mind? In Quest of 'Spatiotemporal Neuroscience.'" *Physics of Life Reviews* 1: 1–21. https://doi.org/10.1016/j.plrev. 2019.05.002.

Northoff, G., S. Wainio-Theberge, and K. Evers. 2020b. "Spatiotemporal Neuroscience: What Is It and Why We Need It." *Physics of Life Reviews* 33: 78–87. https://doi. org/10.1016/j.plrev.2020.06.005.

Murray, Ryan J., Marie Schaer, and Martin Debbané. 2012. "Degrees of Separation: A Quantitative Neuroimaging Meta-analysis Investigating Self Specificity and Shared Neural Activation between Self- and Other Reflection." *Neuroscience & Biobehavioral Reviews* 36, no. 3: 1043–59. https://doi.org/10.1016/j.neubiorev.2011.12.013.

Murray, Ryan J., Martin Debbané, Peter T. Fox, Danilo Bzdok, and Simon B. Eickhoff. 2015. "Functional Connectivity Mapping of Regions Associated with Self- and Other-Processing." *Human Brain Mapping* 36, no. 4: 1304–24. https://doi.org/10.1002/hbm.22703.

Nagel, Thomas. 1974. "What Is It Like to Be a Bat?" *Philosophical Review* 83, no. 4: 435–50.

Northoff, Georg. 2004. *Philosophy of Brain*. Amsterdam: John Benjamins.

–2011. *Neuropsychoanalysis in Practice: Self, Objects, and Brains*. Oxford: Oxford University Press.

–2012a. "Immanuel Kant's Mind and the Brain's Resting State." *Trends in Cognitive Science* 16, no. 7: 356–9. https://doi.org/10.1016/j.tics.2012.06.001.

–2012b. *Was nun Herr Kant?* (What's up Mister Kant?) New York: Random House.

–2013. "What the Brain's Intrinsic Activity Can Tell Us about Consciousness: A Tri-dimensional View." *Neuroscience & Biobehavioral Reviews* 37, no. 4: 726–38.

–2014a. *Unlocking the Brain, Vol I: Coding*. Oxford: Oxford University Press.

–2014b. *Unlocking the Brain, Vol II: Consciousness*. Oxford: Oxford University Press.

–2015. "Do Cortical Midline Variability and Low Frequency Fluctuations Mediate William James' 'Stream of Consciousness'? 'Neurophenomenal Balance Hypothesis' of 'Inner Time Consciousness.'" *Consciousness and Cognition* 30: 184–200. https://doi.org/10.1016/j.concog.2014.09.004.

–2016. *Neurophilosophy and the Healthy Mind: Learning from the Unwell Brain*. New York: Norto〔『脳はいかに意識をつくるのか――脳の異常から心の謎に迫る』高橋洋訳、白揚社、2016年〕

–2018. *The Spontaneous Brain: From the Mind-Body to the World-Brain Problem*. Cambridge, ma: MIT Press.

–2019. "Lessons from Astronomy and Biology for the Mind: Copernican Revolution in Neuroscience." *Frontiers in Human Neuroscience* 13: 319. https://doi.org/10.3389/fnhum.2019.00319.

Northoff, G., and F. Bermpohl. 2004. "Cortical Midline Structures and the Self." *Trends in Cognitive Sciences* 8, no. 3: 102–07. https://doi.org/10.1016/ j.tics.2004.01.004.

"Temporal Integration as 'Common Currency' of Brain and Self-Scale-Free Activity in Resting-State EEG Correlates with Temporal Delay Effects on Self-Relatedness." *Hum Brain Mapp*. 41: 4355–74.

Lakatos, Peter, James Gross, and Gregor Thut. 2019. "A New Unifying Account of the Roles of Neuronal Entrainment." *Curr. Biol*. 29: R890–R905.

Lamme, V.A.F. 2018. "Challenges for Theories of Consciousness: Seeing or Knowing, the Missing Ingredient and How to Deal with Panpsychism." *Philos. Trans. Biol. Sci*. 373: 20170344. https://doi.org/10.1098/rstb.2017.0344.

Lashley, K. 1951. "The Problem of Serial Order in Behavior." http://faculty.samford.edu/~sfdonald/Courses/cosc470/Papers/The%20problem%20of %20serial%20order%20in%20behavior%20(Lashley).pdf.

Lau, H., and D. Rosenthal. 2011. "Empirical Support for Higher-Order Theories of Conscious Awareness." *Trends Cogn. Sci*. 15: 365–73. https://doi.org/10.1016/j.tics.2011.05.009.

Lechinger, Julia, Dominik Philip Johannes Heib, Walter Gruber, Manuel Schabus, and Wolfgang Klimesch. 2015. "Heartbeat-Related EEG Amplitude and Phase Modulations from Wakefulness to Deep Sleep: Interactions with Sleep Spindles and Slow Oscillations." *Psychophysiology* 52, no. 11: 1441–50. https://doi.org/10.1111/psyp.12508.

Linkenkaer-Hansen, Klaus, Vadim V. Nikouline, J. Matias Palva, and Risto J. Ilmoniemi. 2001. "Long-Range Temporal Correlations and Scaling Behavior in Human Brain Oscillations." *Journal of Neuroscience* 21, no. 4: 1370–7.

McGinn, C. 1991. *The Problem of Consciousness*. London: Blackwell.

Mashour, G.A., P. Roelfsema, J.-P. Changeux, and S. Dehaene. 2020. "Conscious Processing and the Global Neuronal Workspace Hypothesis." *Neuron* 105: 776–98. https://doi.org/10.1016/j.neuron.2020.01.026.

Meisel, C., A. Klaus, V.V. Vyazovskiy, and D. Plenz. 2017. "The Interplay between Long- and Short-Range Temporal Correlations Shapes Cortex Dynamics across Vigilance States." *J. Neurosci*. 37, 10114–24. https://doi.org/10.1523/JNEUROSCI.0448-17.2017.

Metzinger, Thomas. 2003. *Being No One*. Cambridge, ma: MIT Press.

Monto, Simo. 2012. "Nested Synchrony: A Novel Cross-Scale Interaction among Neuronal Oscillations." *Frontiers in Physiology* 3.

Monto, Simo, Satu Palva, Juha Voipio, and J. Matias Palva. 2008. "Very Slow EEG Fluctuations Predict the Dynamics of Stimulus Detection and Oscillation Amplitudes in Humans." *Journal of Neuroscience* 28, no. 33: 8268–72. https://doi.org/10.1523/JNEUROSCI.1910-08.2008.

の機能――心理学と生理学の間』村上仁・黒丸正四郎訳、みすず書房、1957年〕

Golesorkhi, M., J. Gomez-Pilar, S. Tumati, M. Fraser, and G. Northoff. 2021a. "Temporal Hierarchy of Intrinsic Neural Timescales Converges with Spatial Core-Periphery Organization." *Commun. Biol*. 4, 277.

Golesorkhi, M., J. Gomez-Pilar, F. Zilio, N. Berberian, A. Wolff, M. Yagoub, and G. Northoff. 2021b. "The Brain and Its Time: Intrinsic Neural Timescales Are Key for Input Processing." *Commun. Biology* 4: 970. https://doi.org/10.1038/s42003-021-02483-6.

Hardstone, Richard, Simon-Shlomo Poil, Giuseppina Schiavone, Rick Jansen, Vadim V. Nikulin, Huibert D. Mansvelder, and Klaus Linkenkaer-Hansen. 2012. "Detrended Fluctuation Analysis: A Scale-Free View on Neuronal Oscillations." *Frontiers in Physiology* 3 (30 Nov.): 450. https://doi.org/10.3389/fphys.2012.00450.

Hasson, Uri, Janice Chen, and Christopher J. Honey. 2015. "Hierarchical Process Memory: Memory as an Integral Component of Information Processing." *Trends in Cognitive Sciences* 19, no. 6: 304–13.

He, Biyu J. 2014. "Scale-Free Brain Activity: Past, Present, and Future." *Trends in Cognitive Sciences* 18, no. 9 (Sept.): 480–7. https://doi.org/10.1016/j.tics.2014.04.003. Review.

He, Biyu J., John M. Zempel, Abraham Z. Snyder, and Marcus E. Raichle. 2010. "The Temporal Structures and Functional Significance of Scale-Free Brain Activity." *Neuron* 66, no. 3 (13 May): 353–69. https://doi.org/10.1016/j.neuron. 2010.04.020.

Hipp, Joerg F., David J. Hawellek, Maurizio Corbetta, Markus Siegel, and Andreas K. Engel. 2012. "Large-Scale Cortical Correlation Structure of Spontaneous Oscillatory Activity." *Nature Neuroscience* 15, no. 6: 884–90. https://doi.org/10.1038/nn.3101.

Hua, J., A. Wolff, J. Zhang, L. Yao, Y. Zang, J. Luo, X. Ge, C. Liu, and G. Northoff. 2022. "Alpha and Theta Peak Frequency Track on- and off-Thoughts." *Communications Biology* 5, no. 1: 1–13. https://doi.org/10.1038/s42003-022-03146-w.

Huang, Zirui, Natsuho Obara, Henry Hap Davis 4th, Johanna Pokorny, and Georg Northoff. 2016. "The Temporal Structure of Resting-State Brain Activity in the Medial Prefrontal Cortex Predicts Self-Consciousness." *Neuropsychologia* 82 (Feb.): 161–70. https://doi.org/10.1016/j.neuropsychologia.2016.01.025.

James, William. 1890. *Principles of Psychology*. Cambridge, ma: Harvard University Press.

Kolvoort, Ivar, Soeren Wainio-Theberge, Annemarie Wolff, and Georg Northoff. 2020.

org/10.1016/j.nicl.2018.101634.

Deco, Gustavo, Viktor Jirsa, A.R. McIntosh, Olaf Sporns, and Rolf Kötter. 2009. "Key Role of Coupling, Delay, and Noise in Resting Brain Fluctuations." *Proceedings of the National Academy of Sciences* 106, no. 25 (23 Jun.): 10302–7. https://doi.org/10.1073/pnas.0901831106.

Dehaene, Stanislas, and Jean-Pierre Changeux. 2011. "Experimental and Theoretical Approaches to Conscious Processing." *Neuron* 70, no. 2 (28 Apr.): 200–27. https://doi.org/10.1016/j.neuron.2011.03.018.

Dehaene, Stanislas, Lucie Charles, Jean-Rémi King, and Sébastien Marti. 2014. "Toward a Computational Theory of Conscious Processing." *Curr. Opin. Neurobiol.* 25: 76–84. https://doi.org/10.1016/j.conb.2013.12.005.

Dehaene, Stanislas, Hakwan Lau, and Sid Kouider. 2017. "What Is Consciousnes, and Could Machines Have It?" *Science* 358, no. 6362 (27 Oct.): 486–92. https://doi.org/10.1126/science.aan8871.

De Pasquale, Francesco, Stefania Della Penna, Abraham Z. Snyder, Laura Marzetti, Vittorio Pizzella, Gian Luca Romani, and Maurizio Corbetta. 2012. "A Cortical Core for Dynamic Integration of Functional Networks in the Resting Human Brain." *Neuron* 74, no. 4: 753–64.

Edelman, Gerald M., Joseph A. Gally, and Bernard J. Baars. 2011. "Biology of Consciousness." *Frontiers in Psychology* 2, no. 4 (Jan. 25). https://doi.org/10.3389/fpsyg.2011.00004.

Fingelkurts, A.A., A.A. Fingelkurts, and C.F.H. Neves. 2010 "Natural World Physical, Brain Operational, and Mind Phenomenal Space-Time." *Phys. Life Rev*. 7, no. 2: 195–249. https://doi.org/10.1016/j.plrev.2010.04.001.

Fingelkurts, Andrew A., Alexander A. Fingelkurts, Sergio Bagnato, Cristina Boccagni, and Giuseppe Galardi. 2013. "Dissociation of Vegetative and Minimally Conscious Patients Based on Brain Operational Architectonics: Factor of Etiology." *Clinical EEG and Neuroscience* 44, no. 3: 209–20. https://doi.org/10.1177/1550059412474929.

Friston, Karl. 2010. "The Free-Energy Principle: A Unified Brain Theory?" *Nat Rev Neurosci* 11: 127–38. https://doi.org/10.1038/nrn2787.

–2013. "Life As We Know It." *J.R. Soc. Interface* 10: 20130475. https://doi.org/10.1098/rsif.2013.0475.

Fuchs, Thomas. 2013. "Temporality and Psychopathology." *Phenomenology in the Cognitive Sciences* 12: 75–104.

Goldstein, Kurt. 2000. *The Organism: A Holistic Approach to Biology Derived from Pathological Data in Man*. Reprint. New York: Zone Books/MIT Press〔『生体

参考文献

Baars, Bernard J. 2005. "Global Workspace Theory of Consciousness: Toward a Cognitive Neuroscience of Human Experience." *Progress Brain Research* 150: 45–53. https://doi.org/10.1016/S0079-6123(05)50004-9.

Babo-Rebelo, Mariana, Craig G. Richter, and Catherine Tallon-Baudry. 2016. "Neural Responses to Heartbeats in the Default Network Encode the Self in Spontaneous Thoughts." *Journal of Neuroscience* 36, no. 30 (27 July): 7,829–40. https://doi.org/10.1523/JNEUROSCI.0262-16.2016.

Bai, Y., T. Nakao, J. Xu, P. Qin, P. Chaves, A. Heinzel, and G. Northoff. 2015. "Resting State Glutamate Predicts Elevated Pre-stimulus Alpha during Selfrelatedness: A Combined EEG-MRS Study on 'Rest-Self Overlap.'" *Social Neuroscience* 11, no. 3. https://doi.org/10.1080/17470919.2015.1072582.

Berger, Hans. 1929. "About the Electroencephalogram of Huamns/Über das Elektrenkephalogramm des Menschen." *Archiv für Psychiatrie und Nervenkrankheiten* 87: 527–70.

Bergson, Henri. 1946. *The Creative Mind: An Introduction to Metaphysics*. (La Pensée et le mouvant, 1934). Citadel Press.

Bishop, Geo. 1933. "Cyclic Changes in Excitability of the Optic Pathway of the Rabbit." *American Journal of Physiology* 103: 213–24.

Buzsáki, Georgy, Nikos Logothetis, and Wolf Singer. 2013. "Scaling Brain Size, Keeping Timing: Evolutionary Preservation of Brain Rhythms." *Neuron* 80, 751–64.

Cairns, Hugh. 1941. "Head Injuries in Motor-Cyclists: The Importance of the Crash Helmet." *British Medical Journal* 2, no. 4213 (4 Oct.): 465–71.

Churchland, Patricia S. 2002. *Brain-Wise: Studies in Neurophilosophy*. Cambridge, ma: MIT Press.

Dainton, Barry. 2010. *Time and Space*. Montreal: McGill-Queen's University Press.

Damiani, Stefano, Andrea Scalabrini, Javier Gomez-Pilar, Natascia Brondino, and Georg Northoff. 2019. "Increased Scale-Free Dynamics in Salience Network in Adult High-Functioning Autism." *Neuroimage Clinical* 21, 101634. https://doi.

は行

ま行

ら行

た行

な行

か行

さ行

索引

あ行

著者　ゲオルク・ノルトフ（Georg Northoff）
オタワ大学神経科学・精神医学・哲学教授。著書に『脳はいかに意識をつくるのか——脳の異常から心の謎に迫る』（白揚社）がある。

訳者　高橋 洋（たかはし・ひろし）
翻訳家。訳書に、トマセロ『行為主体性の進化』、ダマシオ『進化の意外な順序』、ブルーム『反共感論』、ノルトフ『脳はいかに意識をつくるのか』（以上、白揚社）、メスキータ『文化はいかに情動をつくるのか』、バレット『情動はこうしてつくられる』、ハイト『社会はなぜ左と右にわかれるのか』、オサリバン『眠りつづける少女たち』（以上、紀伊國屋書店）、グリンカー『誰も正常ではない』（みすず書房）、フォスター『体内時計の科学』、メルシエ『人は簡単には騙されない』（以上、青土社）、ほか多数。

監修・解説者　虫明 元（むしあけ・はじめ）
東北大学医学部大学院卒業、医学博士。東北大学名誉教授、八戸看護専門学校学校長。専門は脳神経科学。特に行動調節に関わるシステム脳科学、主に前頭葉を含む大脳皮質の働きの解明。著書に『学ぶ脳』（岩波科学ライブラリー）、『前頭葉のしくみ』（共立出版）、『ひらめき脳』（青灯社）など多数。

Il codice del tempo. Cervello, mente e coscienza
by Georg Northoff

ISBN978-4-8269-0264-9

意識《いしき》と時間《じかん》と脳《のう》の波《なみ》
脳《のう》はいかに世界《せかい》とつながるのか

二〇二四年十一月二十六日　第一版第一刷発行

著　者　ゲオルク・ノルトフ
訳　者　高橋《たかはし》　洋《ひろし》
監修解説　虫明《むしあけ》　元《はじめ》
発行者　中村幸慈
発行所　株式会社　白揚社　© 2024 in Japan by Hakuyosha
東京都千代田区神田駿河台一―七　郵便番号一〇一―〇〇六二
電話＝(03)五二八一―九七七二　振替〇〇一三〇―一―二五四〇〇
装　幀　川添英昭
印刷所　株式会社　工友会印刷所
製本所　牧製本印刷株式会社

ゲオルク・ノルトフ著　高橋洋訳

脳はいかに意識をつくるのか

脳の異常から心の謎に迫る

うつ・統合失調症・植物状態の患者の脳が明かす、心と意識の秘密とは？　神経哲学のトップランナーが豊富な症例研究を基に提示する、心と脳の謎への新たなアプローチ。意識研究の新たな地平を示す画期的な書。　四六判　278ページ　本体価格3000円

デイヴィッド・J・チャーマーズ著　林一訳

意識する心

脳と神経の根本理論を求めて

意識とは何か？　脳から心が生まれるのか？　錯綜した哲学を明快に整理し、意識と物質を一括して支配する驚くべき根本法則に迫る。ホフスタッター、ペンローズにつづく知の新星が切り拓く心脳問題の新たな地平！　四六版　512ページ　本体価格4800円

マイケル・トマセロ著　高橋洋訳

行為主体性の進化

生物はいかに「意思」を獲得したのか

何をするかを自分で決め、能動的に行動する能力——行為主体性。ただ刺激に反応するだけの生物から、複雑な行動ができる人間にまでいかに進化したのか？　認知心理学の巨人トマセロが提唱する画期的な新理論。　四六版　272ページ　本体価格3100円

マイケル・グラツィアーノ著　鈴木光太郎訳

意識はなぜ生まれたか

その起源から人工意識まで

生命進化の過程で〈意識〉はいつ生まれたのか？　私たちの〈心〉はどのようにして形づくられるのか？　〈機械〉に意識を宿らせることは可能なのか？　ユニークな工学的アプローチで脳が心を生むメカニズムを描き出す。　四六判　304ページ　本体価格3000円

デニス・プロフィット＆ドレイク・ベアー著　小浜杳訳

なぜ世界はそう見えるのか

主観と知覚の科学

「友人と一緒だと、坂がゆるやかに見える」「嫌悪感を抱きやすいと、政治的に保守になりやすい」…見る人によって、また同じ人でもその時々で、世界の捉え方は異なる。認識にズレを生む知覚に身体的認知の先駆者が迫る。　四六判　320ページ　本体価格3100円